扩散

THE DIFFUSION MODEL
THEORY, APPLICATIONS,
AND CODE IMPLEMENTATION OF GENERATIVE AI MODELS

模型

生成式AI模型的
理论、应用与代码实践

杨 灵　　张至隆　｜ 编著
张文涛　崔 斌　｜

U0239849

電子工業出版社
Publishing House of Electronics Industry
北京·BEIJING

内 容 简 介

本书全面介绍了扩散模型这种新兴的深度生成模型在各个领域的应用，其内容包括 AIGC 与相关技术、扩散模型基础、扩散模型的高效采样、扩散模型的似然最大化、将扩散模型应用于具有特殊结构的数据、扩散模型与其他生成模型的关联、扩散模型的应用、扩散模型的未来等。本书旨在提供一个情景，帮助读者深入了解扩散模型，确定扩散模型的关键研究领域，以及适合未来进一步探索的研究领域。

本书适合深度学习领域的研究人员、工程师、学生，以及对深度生成模型感兴趣的人阅读。

图书在版编目（CIP）数据

扩散模型：生成式 AI 模型的理论、应用与代码实践 / 杨灵等编著. —北京：电子工业出版社，2023.8

ISBN 978-7-121-45985-6

Ⅰ．①扩… Ⅱ．①杨… Ⅲ．①机器学习—研究 Ⅳ.①TP181

中国国家版本馆 CIP 数据核字（2023）第 131798 号

责任编辑：官　杨
印　　刷：天津千鹤文化传播有限公司
装　　订：天津千鹤文化传播有限公司
出版发行：电子工业出版社
　　　　　北京市海淀区万寿路 173 信箱　　邮编 100036
开　　本：720×1000　　1/16　　印张：13　　字数：229 千字
版　　次：2023 年 8 月第 1 版
印　　次：2024 年 4 月第 5 次印刷
定　　价：89.00 元

凡所购买电子工业出版社图书有缺损问题，请向购买书店调换。若书店售缺，请与本社发行部联系，联系及邮购电话：（010）88254888，88258888。

质量投诉请发邮件至 zlts@phei.com.cn，盗版侵权举报请发邮件至 dbqq@phei.com.cn。

本书咨询联系方式：faq@phei.com.cn。

序　言

　　自 AI 诞生之始，人们就试图让机器生成内容，与其对话。从 DALL·E 2、Stable Diffusion、Midjourney 等文生图应用点燃了大众的热情，再到 ChatGPT 的横空出世，更是引发了全民关注。生成式 AI 是一种特定类型的 AI，专注于生成新内容，如文本、图像和音乐。未来，生成式 AI 很可能会对创意产业产生重大影响。在许多情况下，它可以协助创意人员工作，使他们能够创造出更多个性化的内容，以及产生新的想法。

　　扩散模型是一类隐变量模型，采用变分推断估计未知分布。扩散模型的目标是通过对数据点在隐空间中的扩散方式进行建模，以近似估计数据集的分布。扩散模型的灵感来自非平衡热力学，首先定义扩散步骤的马尔可夫链，逐步将随机噪声添加到数据中，然后学习逆向扩散过程从噪声中构造所需的数据样本。在计算机视觉中，这意味着通过学习逆向扩散过程训练神经网络，使其可以对叠加了高斯噪声的图像进行去噪。扩散模型具有广泛的应用，在图像、3D 内容、视频、音频等生成任务中表现出色，同时具有良好的可扩展性。

　　本书作者杨灵等来自北京大学，并长期和斯坦福大学、OpenAI 等国内外知名研究机构交流合作。他们在生成式 AI 和扩散模型等领域有着长期的研究和实践积累，因此本书呈现的内容具有实用性，可供高等院校计算机科学、人工智能和医学、生物学等交叉学科专业的师生，以及相关人工智能应用程序的开发人员阅读。

朱军

清华大学计算机系教授、清华大学人工智能研究院副院长人工智能创造内容的浪潮已然来临，它有两项关键技术，一个是 ChatGPT 所代表的大模型技术，另一个是 Midjourney 等 AI 绘画背后的扩散模型技术。AI 绘画、AI 对话、AI 游戏创作等这些产物的背后是深度生成模型，它可以根据已有的数据和计算机程序生成新的数据。真实世界的数据是复杂的，其维度高，分布复杂，变量之间还存在非线性关系，比如图像数据可以被认为是二维空间的像素点数据，并且图像内容决定了像素点之间有着复杂的交互关系，这对使用传统模型拟合数据分布提出了巨大挑战。此外，我们不仅希望 AI 生成的内容有一定的真实性，还希望其是新颖的，可以对问题提出新的解决方案，而不只是复制已有的内容，等等。在这些需求下，扩散模型能够捕捉复杂的数据分布，产生真实、新颖的内容，并且能够实现个性化的高效生产。因此，引起了人们的广泛关注。

深度生成模型源于生成式建模和深度学习。生成式建模认为数据在相应的空间存在着概率密度分布，其目的是建模和学习这种潜在分布。早期的生成式建模如高斯混合模型（GMM）、隐马尔可夫模型（HMM）在表达能力和可扩展性方面存在局限性，在现实数据的复杂性面前表现得较为吃力。随后生成式建模成功地与深度学习结合，产生了著名的变分自编码器（VAE）、生成对抗网络（GAN），等等。变分自编码器将深度神经网络与变分推断技术相结合，学习潜在先验并生成新样本。它们提供了端到端训练的框架，拥有更灵活的生成式建模能力。生成对抗网络在深度生成模型的历史中是另一个重要的里程碑，生成对抗网络引入了一种新颖的对抗训练方法，同时训练生成器网络和判别器网络。该架构通过生成器网络和判别器网络之间的最小、最大博弈来生成高度逼真的样本。深度生成模型还有基于能量的模型和基于流的模型等。扩散模型于 2020 年被提出，但其发源可以追溯到 2015 年，理论背景甚至可以追溯到 20

世纪对于随机过程、随机微分方程的研究。扩散模型通过向原始数据逐步加入噪声以破坏原始信息，然后再逆转这一过程来生成样本。相较于以往的深度生成模型，扩散模型生成的数据质量更高、更具多样性，并且扩散模型的结构也更灵活。这使得扩散模型快速成为研究和应用的热点。在本书中，我们将详细讨论扩散模型与其他深度生成模型的关系。

我们可以用一个物理过程来通俗地解释扩散模型。例如，把真实世界的数据比作空气中的一团分子，它们互相交织，形成了具有特定结构的整体。由于这个分子团过于复杂，我们无法直接了解其结构。但我们知道在空气中做无规则运动的某种粒子，即对应着服从标准高斯分布的某个变量。从无规则运动的粒子出发，我们不断变换这些粒子的相对位置，每次只变换一小步，最终就可以将这些粒子的分布状态变换为我们想要的复杂的分子形态。也就是说，从纯噪声开始，我们进行了很多小的"去噪"变换，逐渐地将噪声的分布转换为数据的分布。这样就可以利用得到的数据分布进行采样，以便得到新的数据。可以看到，我们需要知道的信息就是该如何进行每一步的变换。这比直接学习原始数据的分布简单得多。这朴素地解释了扩散模型的有效性。在本书中，我们将详细介绍扩散模型的原理和算法。

扩散模型也有缺点，如采样速度慢，对结构化数据处理能力较差，等等。例如，扩散模型在将噪声分布逐步转换为数据分布的过程中需要大量调用神经网络。这使得生成高质量图像时采样时间较长。大量的研究致力于提升扩散模型各个方面的性能，并取得了很好的成果。这使得扩散模型可以真正帮助人们高效解决现实问题。本书将详细分析扩散模型的优缺点，并系统地讲解扩散模型的未来发展。

得益于扩散模型的强大性能，目前在实际生产中已经出现了利用扩散模型进行创造性内容生成的程序。图像生成的应用包括 Stable Diffusion、DALL·E 2、Midjourney 等，这些应用程序利用扩散模型进行条件生成，即基于输入的引导生成符合条件的内容。这种引导可以是自然语句，可以是部分图像，还可以用低分辨率的图像作为引导生成高分辨率的图像，等等。此外还有利用扩散模型生成语音、视频等各种模态数据的应用。艺术创作者们可以使用这些应用进行直接创作，或者使用它来提供灵感，提升工作效率。但同时，扩散模型的强大能力和广泛应用也导致了潜在的负面影响。AI 的高效让部分创作者面临失业的风险，扩散模型生成的内容存在版权问题、隐私问题和偏见问题，等等。

此外，扩散模型在科学研究领域也有应用，比如分子结构生成、分子动力学模拟。扩散模型可以生成表示分子的 3D 表示、分子的图结构，或者二者同时生成，以及控制生成分子的性质。这对 AI 制药领域又是一大研究进展。在工业界的应用如点云生成和补全，异常检测。在医学领域的应用包括医学图像重建和病灶检测，等等。总的来看，扩散模型领域正处于一个百花齐放的状态，本书将详细介绍扩散模型在各个领域的应用。

为了推进扩散模型的发展和应用，需要多个学科领域的合作，包括机器学习算法、深度生成学习理论、随机分析理论，各领域的应用研究、隐私保护、法律与监管要求等。目前扩散模型领域的资源分散于论文和网络上，因此我们有必要在一本书中进行系统介绍。

本书的结构如下。第 1 章介绍 AIGC 与相关技术，第 2 章从三个视角介绍扩散模型的基本理论、算法，此外介绍了扩散模型的神经网络架构和代码实践。第 3 章、第 4 章、第 5 章分别从扩散模型的高效采样、扩散模型的似然最大化、将扩散模型应用于具有特殊结构的数据三个方面系统介绍扩散模型的特点，以及后续的改进工作。第 6 章讨论了扩散模型与其他生成模型的关联，包括变分自编码器、生成对抗网络、归一化流、自回归模型和基于能量的模型。第 7 章介绍了扩散模型的应用。第 8 章讨论了扩散模型的未来——GPT 及和大模型。

本书是为计算机科学、人工智能和机器学习专业的学生，以及大数据和人工智能应用程序的开发人员编写的。本科高年级学生、研究生、大学的教员和研究机构的研究人员都能够发现这本书的有用之处。在课堂上，本书可以作为研究生研讨课程的教科书，也可以作为研究扩散模型的参考用书。

生成式 AI 和扩散模型技术发展迅速，本书难免有遗漏的地方。无论是指出错误、提出建议，还是想和我进行科研合作、技术探讨，都可以通过邮箱（yangling0818@163.com）联系我。最后感谢为本书编写提供过帮助的老师和业界同行，还有电子工业出版社的编辑朋友们，谢谢你们！

杨灵

2023.7.6

目　　录

第 1 章

AIGC 与相关技术

1.1 AIGC 简介

AIGC（AI Generated Content）指的是由人工智能技术生成的内容，包括文本、音频、图像、视频等。这些内容是由计算机程序根据预设规则、模型和数据生成的，而不是由人类创作的。AIGC 已经被应用于各种场景，例如，新闻报道、广告宣传、产品描述、文学作品等。对于有大规模内容生产、快速更新和多语种内容需求的企业和组织来说，AIGC 可以提高效率、降低成本，并实现更快速的内容交付。在 AIGC 的实现中，通常采用的是自然语言处理、计算机视觉、语音识别等人工智能技术。这些技术可以通过训练机器学习模型、深度学习模型等方式，从大量的数据中学习规律和模式并生成符合要求的内容。AIGC 的技术分类按照处理的模态来看，可以分为以下几类：

1. 文本类，主要包括文章生成、文本风格转换、问答对话等生成或者编辑文本内容的 AIGC 技术，如写稿机器人、聊天机器人等。

2. 音频类，包括文本转音频、语音转换、语音属性编辑等生成或者编辑语音内容的 AIGC 技术，以及音乐合成、场景声音编辑等生成或者编辑非语音内容的 AIGC 技术，如智能配音主播、虚拟歌手演唱、自动配乐、歌曲生成等。

3. 图像、视频类，包括人脸生成、人脸替换、人物属性编辑、人脸操控、姿态操控等 AIGC 技术，以及编辑图像、视频内容、图像生成、图像增强、图像修复等 AIGC 技术，如美颜换脸、捏脸、复刻及修改图像风格、AI 绘画等。

4. 虚拟空间类，主要包括三维重建、数字仿真等 AIGC 技术，以及编辑数字人物、虚拟场景相关的 AIGC 技术，如元宇宙、数字孪生、游戏引擎、3D 建模、VR 等。

从 AIGC 应用来看，目前 AIGC 在提供更加丰富多元、动态、可交互的内容方面有很大优势，在传媒、电商、影视、娱乐等数字化程度高、内容需求丰富的行业，已经取得了一些比较重大的创新进展。具有代表性的应用领域包括：AIGC+传媒，如用人机协同生产来推动媒体融合，如写稿机器人生成一篇深度报告的时间，已经由最初的 30 秒缩短到了两秒以内；AIGC+电商，如生成商品 3D 模型，将其用于商品展示和虚拟试用，以提升线上购物体验；AIGC+影视，如拓展影视创作空间，提升作品质量。

目前已经有产品在为剧本创作提供新的思路；AIGC+娱乐，如生成趣味性图像、音乐、视频等。此外，AIGC 在医疗、工业领域也有一些实践，但还仅仅是在虚拟交互方面，对于深入行业、覆盖行业业务逻辑方面还在探索中。

总结一下，AIGC 已经在许多领域得到广泛应用了：

1. 内容创作。AIGC 可以为内容创作者提供帮助，使其更快地生成大量的高质量文章、博客、评论等。例如，人工智能技术可以分析文本数据，提取关键词和主题，并生成相应的文章。

2. 广告。广告公司可以使用 AIGC 生成广告文案、图像和视频。这可以大大减少创意团队的工作量，同时也可以提高广告效果，分析目标受众的兴趣、喜好和行为，从而生成更有针对性的广告内容。

3. 新闻。AIGC 可以帮助新闻媒体更快地生成新闻稿件，如自动摘要、快讯、报道等，分析新闻事件的趋势和情感，从而生成更加客观和准确的新闻报道。

4. 影视。AIGC 可以帮助拓展影视创作空间，提升作品质量。

5. 游戏。游戏公司可以使用 AIGC 生成虚拟世界中的各种元素。例如，游戏角色、场景、武器等。这可以帮助游戏公司更快地开发游戏，同时提高游戏的可玩性和互动性。

6. 教育。AIGC 可以帮助教育机构生成各种形式的教育内容。例如，练习题、课件、教案等。这可以节省教师的时间和精力，同时提高教学成果。

7. 营销。企业可以使用 AIGC 生成营销内容。例如，宣传海报、产品介绍、促销活动文案等。帮助企业更快地推广产品和服务，同时提高营销效果。

总之，AIGC 已经广泛应用于各个领域，并且为各行各业提供了更高效、更创新的解决方案。尽管 AIGC 带来了高效、快速的内容生产，但也需要注意其潜在的风险和挑战。例如，内容质量问题、版权问题、道德问题等。因此，对 AIGC 的应用需要谨慎考虑并进行合理规范。本书将重点介绍 AIGC 中的关键算法——扩散模型（Diffusion Model），并在本书最后结合 GPT、大模型技术深入讨论了扩散模型未来的研究方向。

1.2　扩散模型简介

扩散模型发展历史

扩散模型（Diffusion Model）是一类生成式模型，用于高维复杂数据的概率分布的建模。它的核心思想是基于扩散过程描述数据的生成过程，通过逆向扩散过程从后验概率逐步推断出先验概率分布，从而实现对高维复杂数据的建模。该模型的发展历史如下：

1. 朗之万动力学（Langevin Dynamics）：扩散模型最初的灵感来自朗之万动力学。朗之万动力学是一种用于模拟随机过程的方法，其中加入了随机噪声，类似于布朗运动。该方法在物理学和化学领域得到了广泛的应用。

2. 去噪分数匹配（Denoising Score Matching）：在 2010 年，Roux 等人提出了一种名为"去噪分数匹配"的算法，它利用朗之万动力学建立了一个基于梯度的概率模型。这种方法利用加噪的样本和其周围样本之间的梯度来训练模型，从而建立了一个对高维数据建模的框架。

3. 扩散过程（Diffusion Process）：在 2015 年，Sohl-Dickstein 等人提出了扩散模型，通过将朗之万动力学与扩散过程结合，建立了一个能够描述高维数据生成过程的模型。该模型使用扩散过程描述数据的生成过程，并通过逆向扩散过程推断出先验分布。

4. 无参数扩散（Non-Parametric Diffusion）过程：在 2019 年，Song 等人提出了一种基于无参数扩散过程的生成模型，它将扩散过程嵌入流模型中，从而实现了对高维数据的建模。

5. 扩散模型：2019 年至今，深度学习快速发展，扩散模型先后出现了 DDPM、SGM、SDE 等新的范式，大大提升了模型的生成效果。

本书将详细阐释扩散模型的理论基础和细化分类等，结合代码对相关算法进行讲解（第 2 章~第 6 章），以及结合一些经典的论文详细阐释扩散模型在不同应用领域的使用方法（第 7 章）。

GPT 及大模型简介

GPT（Generative Pre-Training）是一种"无监督学习"的模型，即在训练过程中不需要人工标注标签或分类，而是使用大规模的无标注文本数据集进行训练。这种方法使得模型可以学习到大量的语言知识和语言规则，从而在生成文本时表现得更加自然和流畅。GPT 的训练方式包括两个阶段：预训练和微调。在预训练阶段，模型使用大规模的无标注文本数据集进行训练，以学习语言知识和规则。在微调阶段，模型使用有标注的数据集进行训练，以完成特定的任务。例如，生成对话或回答问题。随着预训练数据和参数的规模越来越大，基础模型（Foundation Model）又称"大模型"的概念应运而生。目前，GPT 及大模型在自然语言、图像、多模态等多个领域都有着广泛的应用，并诞生了像 ChatGPT、GPT-4、Visual ChatGPT 等一系列高性能人工智能应用。在开发过程中，OpenAI 发布了多个不同规模和预训练数据集的版本，使得模型可以适应不同的应用场景。此外，许多研究人员也在对 GPT、大模型本身进行改进和优化，以提高模型的性能和效率。本书（第 8 章）将结合 GPT 及大模型对扩散模型的未来研究方向进行讨论、分析。

## 第 2 章

扩散模型基础

生成模型通过学习并建模输入数据的分布，从而采集生成新的样本，该模型广泛运用于图片视频生成、文本生成和药物分子生成。扩散模型是一类概率生成模型，扩散模型通过向数据中逐步加入噪声来破坏数据的结构，然后学习一个相对应的逆向过程来进行去噪，从而学习原始数据的分布。扩散模型可以生成与真实样本分布高度一致的高质量新样本。扩散模型背后的灵感来源于物理学，在物理学中气体分子从高浓度区域扩散到低浓度区域，这与噪声的干扰而导致的信息丢失的原理是类似的。图 2-1 给出了图片扩散模型的直观流程图。

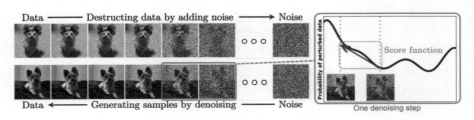

图 2-1　图片扩散模型的直观流程图

在图 2-1 的左上示例中，原始图片在加噪过程中逐渐失去了所有信息，最终变成了无法辨识的白噪声。而在图 2-1 的左下示例中，从噪声开始，模型逐渐对数据进行去噪，可辨识的信息越来越多，直到所有噪声全部被去掉，并生成了新的图片数据。在图 2-1 的右边示例中展示了去噪过程中最重要的概念——分数函数（score function），即当前数据对数似然的梯度，直观上它指向拥有更大似然（更少噪声）的数据分布。逆向过程中去噪的每一步都需要计算当前数据的分数函数，然后根据分数函数对数据进行去噪。我们将在本章详细介绍分数函数与去噪的关系。

一般的生成模型可以分为两类：一类可以直接对数据分布进行建模，比如自回归模型（Autoregressive Model）和能量模型（Energy-Based Model，EBM）；另一类是基于潜在变量（latent variable）的模型，它们先假设了潜在变量的分布，然后通过学习一个随机或者非随机的变换将潜在变量进行转换，使转换后的分布逼近真实数据的分布。第二类的生成模型包括变分自编码器（Variational Auto-Encoder，VAE）、生成对抗网络（Generative Adversarial Network，GAN）、归一化流（Normalizing Flow）。与变分自编码器、生成对抗网络、归一化流等基于潜在变量的生成模型类似，扩散模型也是对潜在变量进行变换，使变换后的数据分布逼近真实数据的分布。但是变分自编

码器不仅需要学习从潜在变量到数据的"生成器" $q_\theta(x|z)$，还需要学习用后验分布 $q_\varphi(z|x)$ 来近似真实后验分布 $q_\theta(z|x)$ 以训练生成器。而如何选择后验分布是变分自编码器的难点，如果选得比较简单，那么很可能没办法近似真实后验分布，从而导致模型效果不好；而如果选得比较复杂，那么其计算又会很复杂。虽然生成对抗网络和归一化流都不涉及计算后验分布，但它们也有各自的缺点。生成对抗网络的训练需要额外的判别器，这导致其训练难、不稳定；归一化流则要求潜在变量到数据的映射是可逆映射，这大大限制了其表达能力，并且不能直接使用 SOTA（state-of-the-art）的神经网络框架。而扩散模型则综合了上述模型的优点并且避免了上述模型的缺点，只需要训练生成器即可。损失函数的形式简单且容易训练，不需要如判别器等其他的辅助网络，表达能力强。如图 2-2 所示，我们简单展示了当前扩散模型和其他生成模型结合的示例，在第 6 章我们会更加详细地介绍扩散模型与其他生成模型的关系，此处提及其他模型仅为帮助理解。

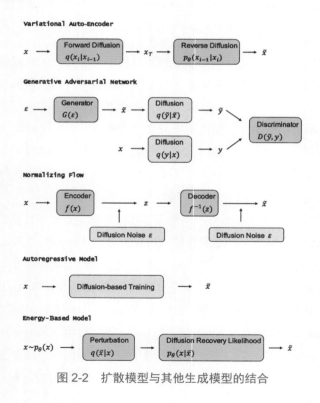

图 2-2　扩散模型与其他生成模型的结合

当前对扩散模型的研究大多基于 3 个主要框架：去噪扩散概率模型（Denoising Diffusion Probabilistic Model，DDPM）[90, 166, 215]、基于分数的生成模型（Score-Based Generative Model，SGM）[220, 221]、随机微分方程（Stochastic Differential Equation，SDE）[219, 225]。在本章我们将介绍这 3 种形式，并讨论它们之间的联系。

2.1　去噪扩散概率模型

去噪扩散概率模型（DDPM）受到了非平衡热力学的启发，定义了一个马尔可夫链（Markov Chain），并缓慢地向数据添加随机噪声，然后学习逆向扩散过程，从噪声中构建所需的数据样本。向数据中添加噪声的过程可以想象成小分子在水中的扩散过程。一个 DDPM[90, 215]由两个马尔可夫链组成，一个正向马尔可夫链（以下简称"正向链"）将数据转化为噪声；一个逆向马尔可夫链（以下简称"逆向链"）将噪声转化为数据。正向链通常是预先设计的，其目标是逐步将数据分布转化为简单的先验分布，如标准高斯分布。而逆向链的每一步的转移核（Transition Kernel）是由深度神经网络学习得到的，其目标是逆向链转正向链从而生成数据。新数据的生成需要先从先验分布中抽取随机向量，然后将此随机向量输入逆向链并使用祖先采样法（Ancestral Sampling）生成新数据[125]。DDPM[90]框架图如图 2-3 所示。

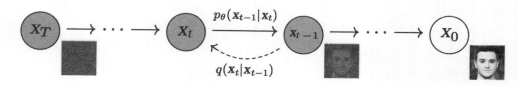

图 2-3　DDPM 框架图

来源：Jonathan Ho, Ajay Jain, and Pieter Abbeel. Denoising Diffusion Probabilistic Models. In Advances in Neural Information Processing Systems

严格来讲，假设原始数据 x_0 服从分布$q(x_0)$，正向链通过转移核 $q(x_t|x_{t-1})$ 生成一系列被扰动的随机变量 $x_1, x_2, \cdots, x_T$。使用贝叶斯公式和链的马尔可夫性，$x_1, x_2, \cdots, x_T$ 在 x_0 下的条件分布为 $q(x_1, x_2, \cdots, x_T|x_0)$。该条件分布可以被分解为：

$$q(\boldsymbol{x}_1, \cdots, \boldsymbol{x}_T | x_0) = \prod_1^T q(\boldsymbol{x}_t | \boldsymbol{x}_{t-1}) \tag{2.1}$$

在 DDPM 中，我们会手工设计转移核 $q(\boldsymbol{x}_t | \boldsymbol{x}_{t-1})$，并逐步将数据分布 $q(\boldsymbol{x}_0)$ 转化为容易处理的先验分布。转移核的一个典型设计是高斯扰动，最常见的转移核的选择是：

$$q(\boldsymbol{x}_t | \boldsymbol{x}_{t-1}) = N\big(\boldsymbol{x}_t; \sqrt{1-\beta_t}\boldsymbol{x}_{t-1}, \beta_t \boldsymbol{I}\big) \tag{2.2}$$

其中 $\beta_t \in (0,1)$ 是在模型训练之前手工设计的超参数，这决定了每一步加噪的强度。尽管其他类型的核也适用，但是我们用这个转移核来简化讨论。这个高斯转移核允许我们对公式（2.1）中的联合分布进行边缘化，以得到 $q(\boldsymbol{x}_t | \boldsymbol{x}_0)$ 的解析形式：

$$q(\boldsymbol{x}_t | \boldsymbol{x}_0) = N\big(\boldsymbol{x}_t; \sqrt{\bar{\alpha}_t}\boldsymbol{x}_0, (1-\bar{\alpha}_t)\boldsymbol{I}\big) \tag{2.3}$$

这里 $t \in \{1, 2, \cdots, T\}$，$\bar{\alpha}_t = \prod_{i=0}^t 1 - \beta_i$。给定 $\boldsymbol{x}_0$，由此可以很容易获得 $\boldsymbol{x}_t$，只需进行高斯采样 $\epsilon \sim N(0, \boldsymbol{I})$，然后根据

$$\boldsymbol{x}_t = \sqrt{\bar{\alpha}_t}\boldsymbol{x}_0 + \sqrt{1-\bar{\alpha}_t}\epsilon \tag{2.4}$$

得到 $\boldsymbol{x}_t$。当 $\bar{\alpha}_T \approx 0$，$\boldsymbol{x}_T$ 近似于标准高斯分布时，$q(\boldsymbol{x}_T) = \int q(\boldsymbol{x}_T | \boldsymbol{x}_0) q(\boldsymbol{x}_0) \mathrm{d}\boldsymbol{x}_0 \approx N(0, \boldsymbol{I})$。这个正向过程会慢慢地向数据注入噪声，直到数据中的所有结构都丢失为止。

生成新数据时，首先 DDPM 从先验分布生成非结构化噪声向量（现代计算机程序很容易做到），然后通过运行逆向可学习的马尔可夫链逐步去除其中的噪声，直到生成新样本。具体来说，逆向马尔可夫链的组成包括一个先验分布 $p(\boldsymbol{x}_t) = N(0, \boldsymbol{I})$ 和可学习转移核 $p_\theta(\boldsymbol{x}_{t-1} | \boldsymbol{x}_t)$。我们选择标准高斯分布作为先验分布，因为正向过程最终会将数据转化为 $q(\boldsymbol{x}_T) \approx N(0, \boldsymbol{I})$。可学习的转移核有以下的形式：

$$p_\theta(\boldsymbol{x}_t | \boldsymbol{x}_0) = N(\boldsymbol{x}_t; \mu_\theta(\boldsymbol{x}_t, t), \Sigma_\theta(\boldsymbol{x}_t, t)\boldsymbol{I}) \tag{2.5}$$

上式中 θ 是可学习的参数，期望 $\mu_\theta(\boldsymbol{x}_t, t)$ 和方差 $\Sigma_\theta(\boldsymbol{x}_t, t)$ 被深度神经网络参数化。有了这个逆向马尔可夫链，我们可以通过对噪声向量进行采样得到 $\boldsymbol{x}_T \sim N(0, \boldsymbol{I})$，然后使用转移核迭代采样 $\boldsymbol{x}_{t-1} \sim p_\theta(\boldsymbol{x}_{t-1} | \boldsymbol{x}_t)$，直到 $t=1$ 时，生成数据样本 $\boldsymbol{x}_0$。

这个抽样过程成功的关键是训练逆向马尔可夫链来匹配正向马尔可夫链真正的时间反演。也就是说，我们要调整参数 θ，使逆向马尔可夫链的联合分布

$p_\theta(\boldsymbol{x}_0, \boldsymbol{x}_1, \cdots, \boldsymbol{x}_T) = p_\theta(\boldsymbol{x}_T) \prod_{t=T}^{1} p_\theta(\boldsymbol{x}_{t-1}|\boldsymbol{x}_t)$ 严 格 近 似 于 $q(\boldsymbol{x}_0, \boldsymbol{x}_1, \cdots, \boldsymbol{x}_T) = q(\boldsymbol{x}_0)$ $\prod_{t=1}^{T} p_\theta(\boldsymbol{x}_t|\boldsymbol{x}_{t-1})$（见公式（2.1））。

这是通过最小化二者的 Kullback-Leibler（KL）散度来实现的：

$$\mathrm{KL}(q(\boldsymbol{x}_0, \boldsymbol{x}_1, \cdots, \boldsymbol{x}_T)||p_\theta(\boldsymbol{x}_0, \boldsymbol{x}_1, \cdots, \boldsymbol{x}_T)) \tag{2.6}$$

$$= -E_q[\log p_\theta(\boldsymbol{x}_0, \boldsymbol{x}_1, \cdots \boldsymbol{x}_T)] + \mathrm{const} \tag{2.7}$$

$$= E_q\left[-\log p(\boldsymbol{x}_T) - \sum_{t=1}^{T} \log \frac{p_\theta(\boldsymbol{x}_{t-1}|\boldsymbol{x}_t)}{q(\boldsymbol{x}_t|\boldsymbol{x}_{t-1})}\right] + \mathrm{const} \tag{2.8}$$

$$\geqslant E[-\log p_\theta(\boldsymbol{x}_0)] + \mathrm{const} \tag{2.9}$$

这里公式（2.7）是由 KL 散度的定义得出的；公式（2.8）是因为 $p_\theta(\boldsymbol{x}_0, \boldsymbol{x}_1, \cdots, \boldsymbol{x}_T)$ 和 $q(\boldsymbol{x}_0, \boldsymbol{x}_1, \cdots, \boldsymbol{x}_T)$ 都是条件分布的乘积，所以得出的；公式（2.9）是由 Jensen 不等式得出的。式子中的 "const" 表示并不依赖于参数 θ 的项，所以不影响优化目标。公式（2.8）中的第一项是数据 $\boldsymbol{x}_0$ 对数似然的变分下界（VLB），VLB 是一个训练概率生成模型的常见目标函数。DDPM 的训练目标就是使 VLB 最大化或者使 "negative VLB" 最小化，这是一个特别容易优化的目标，因为它是独立项的和，因此可以通过蒙特卡罗抽样[164]来高效地估计并随机优化方法，以进行有效优化[226]。

Ho 等人 [90]建议调整 VLB 中各项的权重，以获得更好的样本质量。在忽略常数的意义下，损失 L 可以改写为：

$$L = E_q\left[-\log \frac{p_\theta(\boldsymbol{x}_{\{0:T\}})}{q(\boldsymbol{x}_{\{1:T\}}|\boldsymbol{x}_0)}\right]$$

$$= E_q\left[-\log p(\boldsymbol{x}_T) - \sum_{t \geqslant 1} \log \frac{p_\theta(\boldsymbol{x}_{t-1}|\boldsymbol{x}_t)}{q(\boldsymbol{x}_t|\boldsymbol{x}_{t-1})}\right]$$

$$= E_q\left[-\log p(\boldsymbol{x}_T) - \sum_{t > 1} \log \frac{p_\theta(\boldsymbol{x}_{t-1}|\boldsymbol{x}_t)}{q(\boldsymbol{x}_t|\boldsymbol{x}_{t-1})} - \log \frac{p_\theta(\boldsymbol{x}_0|\boldsymbol{x}_1)}{q(\boldsymbol{x}_1|\boldsymbol{x}_0)}\right]$$

$$= E_q\left[-\log p(\boldsymbol{x}_T) - \sum_{t > 1} \log \frac{p_\theta(\boldsymbol{x}_{t-1}|\boldsymbol{x}_t)}{q(\boldsymbol{x}_{t-1}|\boldsymbol{x}_t, \boldsymbol{x}_0)} \frac{q(\boldsymbol{x}_{t-1}|\boldsymbol{x}_0)}{q(\boldsymbol{x}_t|\boldsymbol{x}_0)} - \log \frac{p_\theta(\boldsymbol{x}_0|\boldsymbol{x}_1)}{q(\boldsymbol{x}_1|\boldsymbol{x}_0)}\right]$$

$$= E_q\left[-\log \frac{p(\boldsymbol{x}_T)}{q(\boldsymbol{x}_T|\boldsymbol{x}_0)} - \sum_{t > 1} \log \frac{p_\theta(\boldsymbol{x}_{t-1}|\boldsymbol{x}_t)}{q(\boldsymbol{x}_{t-1}|\boldsymbol{x}_t, \boldsymbol{x}_0)} - \log p_\theta(\boldsymbol{x}_0|\boldsymbol{x}_1)\right]$$

最终可以改写为：

$$E_q[D_{KL}(q(x_T|x_0)||p(x_t)) + \sum_{t>1} D_{KL}(q(x_{t-1}|x_t,x_0)||p_\theta(x_{t-1}|x_t)) - \log p_\theta(x_0|x_1)]$$

可以看到$q(x_{t-1}|x_0,x_t)$也是高斯分布，并且其期望和方差完全由x_0、x_t确定。根据 Ho 等人[90]的推导，$q(x_{t-1}|x_0,x_t)$可以写为：

$$q(x_{t-1}|x_t,x_0) = N(x_{t-1}, \widetilde{\mu}_t(x_t,x_0), \widetilde{\beta}_t I)$$

其中$\widetilde{\mu}_t(x_t,x_0) = \frac{\sqrt{\bar{\alpha}_{t-1}}\beta_t}{1-\bar{\alpha}_t}x_0 + \frac{\sqrt{\alpha_t}(1-\bar{\alpha}_{t-1})}{1-\bar{\alpha}_t}x_t$，$\widetilde{\beta}_t = \frac{(1-\bar{\alpha}_{t-1})\beta_t}{1-\bar{\alpha}_t}$。

那么对$q(x_{t-1}|x_0,x_t)$使用重参数化的技巧并利用高斯分布的性质，L_t可以写成简单L_2损失的形式。最终的损失函数的形式如下：

$$E_{t\sim U[1,T],x_0,\epsilon}[\lambda(t)||\epsilon - \epsilon_\theta(x_t,t)||^2] \tag{2.10}$$

其中$\lambda(t)$是非负权重函数，x_T由x_0和ϵ通过公式（2.4）生成，$U[1,T]$是在集合$\{1,2,\cdots,T\}$上的均匀分布，ϵ_θ是一个具有参数θ的深度神经网络，它可以在给定x_T和t的情况下预测噪声向量ϵ，也就是说原来的$p_\theta(x_{t-1}|x_t)$最终简化成了预测噪声。对于特定的$\lambda(t)$，该目标简化为公式（2.8），并且它与多尺度去噪分数匹配的损失有一样的形式，后者是训练基于分数的生成模型常用的损失函数。我们将在下一节讨论这个模型。因为ϵ是标准高斯分布，我们可以进行任意多的采样，即可以对网络进行充足的训练。同时，L_2的损失函数训练更稳定，效果更好。

DDPM 代码实践

DDPM 代码如下：

```
#代码源自：Denoising Diffusion Probabilistic Model, in PyTorch
#人工设计的两种加噪方式
#注入噪声的强度呈线性增长
def linear_beta_schedule(timesteps):
    scale = 1000 / timesteps
    beta_start = scale * 0.0001
    beta_end = scale * 0.02
    return torch.linspace(beta_start, beta_end, timesteps, dtype =
        torch.float64)

#边缘噪声强度以余弦函数的方式增长
```

```python
def cosine_beta_schedule(timesteps, s = 0.008):
    steps = timesteps + 1
    x = torch.linspace(0, timesteps, steps, dtype = torch.float64)
    alphas_cumprod = torch.cos((((x / timesteps) + s) / (1 + s) * math.pi *
        0.5) ** 2
    alphas_cumprod = alphas_cumprod / alphas_cumprod[0]
    betas = 1 - (alphas_cumprod[1:] / alphas_cumprod[:-1])
    return torch.clip(betas, 0, 0.999)
```

```python
#定义一个扩散模型类，包含训练和生成所需的参数和类方法
class GaussianDiffusion(nn.Module):
    def __init__(
                self, model, image_size, timesteps = 1000,
                sampling_timesteps = None, loss_type = 'l1',
                objective = 'pred_noise', beta_schedule = 'cosine',
                p2_loss_weight_gamma = 0., p2_loss_weight_k = 1,
                ddim_sampling_eta = 1.):
        #参数
        # model: 预测噪声的模型
        # image_size: 图片维度
        # timesteps: 马尔可夫链的长度
        # sampling_timesteps: 采样步数
        # loss_type: 损失函数类型
        # objective: 用训练模型预测噪声
        # beta_schedule: 前向加噪的强度设计
        # p2_loss_weight_gamma: 损失函数的加权方式
        # ddim_sampling_eta: DDIM 采样方式的参数

        super().__init__()
        #使用内置的 GaussianDiffusion 类；模型输入和输出与原始数据维度相同
        assert not (type(self) == GaussianDiffusion and model.channels !=
            model.out_dim)
        assert not model.random_or_learned_sinusoidal_cond
        self.model = model
        self.channels = self.model.channels
        #是否使用条件扩散模型
        self.self_condition = self.model.self_condition
        self.image_size = image_size
        #模型的预测目标,可以为噪声、原始图像、速度
        self.objective = objective
        assert objective in {'pred_noise', 'pred_x0', 'pred_v'}
        #加噪方式
        if beta_schedule == 'linear':
            betas = linear_beta_schedule(timesteps)
        elif beta_schedule == 'cosine': #iDDPM 提出的 cosine 加噪方式
            betas = cosine_beta_schedule(timesteps)
```

```
    else:
        raise ValueError(f'unknown beta schedule {beta_schedule}')
#根据公式（2.3）计算 alpha_t, 和边缘噪声强度 alphas_cumprod
alphas = 1. - betas
alphas_cumprod = torch.cumprod(alphas, dim=0)
alphas_cumprod_prev = F.pad(alphas_cumprod[:-1], (1, 0), value = 1.)
timesteps, = betas.shape
self.num_timesteps = int(timesteps)
self.loss_type = loss_type
self.sampling_timesteps = default(sampling_timesteps, timesteps)
#采样步数（用于加速）要小于训练步数
assert self.sampling_timesteps <= timesteps
#是否使用 DDIM 采样方法
self.is_ddim_sampling = self.sampling_timesteps < timesteps
self.ddim_sampling_eta = ddim_sampling_eta
#使用 register_buffer 定义更多超参数
register_buffer = lambda name, val: self.register_buffer(name,
    val.to(torch.float32))
#添加之前定义过的加噪参数
register_buffer('betas', betas)
register_buffer('alphas_cumprod', alphas_cumprod)
register_buffer('alphas_cumprod_prev', alphas_cumprod_prev)
#添加计算正向马尔可夫链转移核 q(x_t | x_{t-1}) 所需要的参数
register_buffer('sqrt_alphas_cumprod', torch.sqrt(alphas_cumprod))
register_buffer('sqrt_one_minus_alphas_cumprod', torch.sqrt(1. -
    alphas_cumprod))
register_buffer('log_one_minus_alphas_cumprod', torch.log(1. -
    alphas_cumprod))
register_buffer('sqrt_recip_alphas_cumprod', torch.sqrt(1. /
    alphas_cumprod))
register_buffer('sqrt_recipm1_alphas_cumprod', torch.sqrt(1. /
    alphas_cumprod - 1))
#计算逆向过程中的方差。此处为简化的情形，逆向过程的方差是不可学习的
posterior_variance = betas * (1. - alphas_cumprod_prev) / (1. -
    alphas_cumprod)
register_buffer('posterior_variance', posterior_variance)
#在扩散过程的 0 时刻后验方差是 0，所以需要对方差的对数做 clip
register_buffer('posterior_log_variance_clipped',
torch.log(posterior_variance.clamp(min =1e-20)))
register_buffer('posterior_mean_coef1', betas *
    torch.sqrt(alphas_cumprod_prev) / (1. - alphas_cumprod))
register_buffer('posterior_mean_coef2', (1. - alphas_cumprod_prev)
    * torch.sqrt(alphas)/(1. - alphas_cumprod))
```

#训练过程：先获得并记录噪声和加噪数据，然后使用模型输入加噪数据来预测噪声，之后计算预测的噪声和真实噪声的差距损失，以进行优化

```
#定义 GaussianDiffusion 类的方法来获得加噪数据
def q_sample(self, x_start, t, noise=None):
#参数
# x_start：输入图片
# noise：与图片纬度相同的标准高斯噪声
    noise = default(noise, lambda: torch.randn_like(x_start))
    def extract(a, t, x_shape):
        b, *_ = t.shape
        out = a.gather(-1, t)
        return out.reshape(b, *((1,) * (len(x_shape) - 1)))
    return (
        extract(self.sqrt_alphas_cumprod, t, x_start.shape) * x_start +
        extract(self.sqrt_one_minus_alphas_cumprod, t, x_start.shape) *
            noise
    )
```

```
#计算损失的类方法。进行一次 forward，即计算一次损失
def forward(self, img, *args, **kwargs):
#参数
# img：一批用于训练的原始数据
    b, c, h, w, device, img_size, = *img.shape, img.device, self.image_size
    assert h == img_size and w == img_size
    t = torch.randint(0, self.num_timesteps, (b,), device=device).long()
    #对原始图片进行标准化
    img = normalize_to_neg_one_to_one(img)
    return self.p_losses(img, t, *args, **kwargs)
```

```
    #定义类方法损失函数
    def p_losses(self, x_start, t, noise = None):
    #参数
    # x_start：原始数据
    # noise：标准高斯噪声
        b, c, h, w = x_start.shape
        noise = default(noise, lambda: torch.randn_like(x_start))
        #产生加噪数据，用于之后的模型输入
        x = self.q_sample(x_start = x_start, t = t, noise = noise)
        #模型输出在 t 时刻的预测
        model_out = self.model(x, t, x_self_cond)
        #根据模型的目标（预测噪声、原始数据、速度），计算真实值
        if self.objective == 'pred_noise':
            target = noise
        elif self.objective == 'pred_x0':
            target = x_start
        elif self.objective == 'pred_v':
            v = self.predict_v(x_start, t, noise)
            target = v
```

```
    else:
        raise ValueError(f'unknown objective {self.objective}')
    loss = self.loss_fn(model_out, target, reduction = 'none')
    #对损失函数加权
    loss = loss * extract(self.p2_loss_weight, t, loss.shape)
    return loss.mean()
```

```
#从噪声迭代生成数据。首先从标准高斯分布中采样，然后逐步通过逆向过程的转移核对数
据进行去噪。去噪步骤为：
1.将 x_t 输入模型以预测噪声
2.使用预测的噪声计算预测的图片 x_0 3，使用 x_t 和 x_0 采样获得 x_t-1
#类方法：一个迭代去噪的采样函数
def p_sample_loop(self, shape):
#参数
# shape：输出数据的维度，如果数据是图片，则维度是[batch,channels,256,256]
    batch, device = shape[0], self.betas.device
    #进行高斯采样获得初始值
    img = torch.randn(shape, device=device)
    x_start = None
    #迭代采样，共进行 num_timesteps 次迭代
    for t in tqdm(reversed(range(0, self.num_timesteps)), total =
        self.num_timesteps):
        img, x_start = self.p_sample(img, t, self_cond)
    img = unnormalize_to_zero_to_one(img)
    return img
#类方法：采样函数。采样时不计算梯度
@torch.no_grad()
def p_sample(self, x, t, x_self_cond = None, clip_denoised = True):
#参数
# x：上一步数据
# t：时间点
# x_self_cond：是否为条件扩散生成
# clip_denoised：是否进行 clip
    b, *_, device = *x.shape, x.device
    batched_times = torch.full((x.shape[0],), t, device = x.device, dtype
        = torch.long)
    #用训练好的模型预测下一步数据的期望和方差
    model_mean, _, model_log_variance, x_start = self.p_mean_variance(
        x = x, t = batched_times, x_self_cond = x_self_cond,
        clip_denoised = clip_denoised)
    noise = torch.randn_like(x) if t > 0 else 0. # no noise if t == 0
    #使用预测的期望和方差对下一步数据进行采样
    pred_img = model_mean + (0.5 * model_log_variance).exp() * noise
    return pred_img, x_start
```

#使用模型预测下一步的期望和方差

16

```python
def p_mean_variance(self, x, t, x_self_cond = None, clip_denoised = True):
#参数
# x: 上一步数据
# t: 时间点
# x_self_cond: 是否为条件扩散生成
# clip_denoised: 是否进行 clip

    #计算预测结果
    preds = self.model_predictions(x, t, x_self_cond)
    #根据预测的噪声和公式计算出（预测的）原始图片
    x_start = preds.pred_x_start
    if clip_denoised:
        x_start.clamp_(-1., 1.)
    #使用时间 t 预测原始图片和当前数据 x_t，计算下一步转移核的期望和方差
    model_mean, posterior_variance, posterior_log_variance =
        self.q_posterior(x_start = x_start, x_t = x, t = t)
    return model_mean, posterior_variance, posterior_log_variance, x_start
```

```python
#使用预测的噪声计算预测的原始图片，从而获得预测的下一步去噪数据。每一步去噪都需要进
行计算
def model_predictions(self, x, t, x_self_cond = None, clip_x_start =
    False):
#参数
# x: 上一步数据
# t: 时间点
# x_self_cond: 是否为条件扩散生成
# clip_denoised: 是否进行 clip

    model_output = self.model(x, t, x_self_cond)
    maybe_clip = partial(torch.clamp, min = -1., max = 1.) if clip_x_start
        else identity

    if self.objective == 'pred_noise':
        pred_noise = model_output
        #根据公式（2.4）可以直接计算预测的原始图片 x_0
        x_start = self.predict_start_from_noise(x, t, pred_noise)
        x_start = maybe_clip(x_start)
    return namedtuple('ModelPrediction', ['pred_noise', 'pred_x_start'])
```

```python
#使用时间 t 预测原始图片和当前数据 x_t，计算下一步转移核的期望和方差
def q_posterior(self, x_start, x_t, t):
#参数
# x_start: 预测的原始图片
# x_t: 当前的数据来自上一步采样
# t: 时间
```

```
#计算下一步转移核的期望
posterior_mean = (
    extract(self.posterior_mean_coef1, t, x_t.shape) * x_start +
    extract(self.posterior_mean_coef2, t, x_t.shape) * x_t
)
#下一步转移核的方差默认是固定的参数
posterior_variance = extract(self.posterior_variance, t, x_t.shape)
posterior_log_variance_clipped =
    extract(self.posterior_log_variance_clipped,t,x_t.shape)
return posterior_mean, posterior_variance,
    posterior_log_variance_clipped
```

由训练完的 DDPM 生成得到的示例结果图片，如图 2-4 所示。

图 2-4　DDPM 生成的教堂（左）和卧室（右）图片

2.2　基于分数的生成模型

基于分数的生成模型（SGM）的核心是 Stein 分数（或分数函数）。给定一个概率密度函数 $p(x)$，其分数函数定义为对数概率密度的梯度 $\nabla_x \log p(x)$。与统计学上常用的 Fisher 分数 $\nabla_\theta \log p_\theta(x)$ 不同，此处考虑的 Stein 分数是数据 x 的函数，而不是模型参数 θ。它是一个指向似然函数增长率最大的方向的向量场。

基于分数的生成模型（SGM）[220]的核心思想是用一系列逐渐增强的高斯噪声来扰动数据，并训练一个深度神经网络来联合地估计所有噪声数据分布的分数函数。也就是说，训练一个深度神经网络，它可以接受噪声强度作为辅助信息，以估计在该噪声强度下加噪后数据的分数函数，这个网络是噪声条件分数网络（Noise Conditional Score Network，NCSN）。样本的生成是使用噪声强度逐渐减小的分数函数和基于分数的采样方法，比如朗之万蒙特卡罗（Langevin Monte Carlo）[81, 110, 176, 220, 225]、随机微分方程[109, 225]、常微分方程[113, 146, 219, 225, 277]，以及它们之间的组合[225]。在基于分数的生成模型中，训练和抽样是完全解耦的，因此可以估计分数函数之后使用各种的采样技术来生成新样本。

与第 2.1 节中的符号类似，设 $q(x_0)$ 为数据分布，$0 < \sigma_1 < \sigma_2 < \cdots < \sigma_T$ 为一系列的噪声级别。SGM 中的一个典型例子是通过高斯噪声扰动数据点从 x_0 到 $x_t \sim q(x_t|x_0) = N(x_t, x_0, \sigma_t^2 I)$，这将产生一个噪声数据密度序列 $q(x_1), q(x_2), \cdots, q(x_T)$。我们需要训练一个深度神经网络 $s_\theta(x, t)$ 来估计分数函数 $\nabla_x \log p(x)$，这个神经网络即为上述的噪声条件神经网络。从数据中学习分数函数（也称为"分数估计"）的方法包括分数匹配（Score Matching）[101]、去噪分数匹配（Denoising Score Matching）[188, 189, 238]、切片分数匹配（Sliced Score Matching）[222]。我们可以直接使用这些方法从扰动数据点训练我们的噪声条件分数网络。例如，与公式（2.10）中的符号相似，使用去噪分数匹配的训练目标可以表示为：

$$E_{t \sim U[1,T], x_0, x_t}\left[\lambda(t)\sigma_t^2 \left\|\nabla_{x_t} \log q(x_t) - s_\theta(x_t, t)\right\|^2\right] \tag{2.11}$$

$$= E_{t \sim U[1,T], x_0, x_t}\left[\lambda(t)\sigma_t^2 \left\|\nabla_{x_t} \log q(x_t|x_0) - s_\theta(x_t, t)\right\|^2\right] + \text{const} \tag{2.12}$$

$$= E_{t \sim U[1,T], x_0, x_t}\left[\lambda(t)\sigma_t^2 \left\|-\frac{x_t - x_0}{\sigma_t} - \sigma_t s_\theta(x_t, t)\right\|^2\right] + \text{const} \tag{2.13}$$

$$= E_{t \sim U[1,T], x_0, x_t}\left[\lambda(t)\sigma_t^2 \|\epsilon + \sigma_t s_\theta(x_t, t)\|^2\right] + \text{const} \tag{2.14}$$

其中公式（2.12）来自[238]的推导，即分数匹配与去噪分数匹配在相差一个常数的意义下是等价的；公式（2.13）来自 $q(x_t|x_0) = N(x_t, x_0, \sigma_t^2 I)$；公式（2.14）来自 $x_t = x_0 + \sigma_t \epsilon$。同样，我们用 $\lambda(t)$ 表示一个正加权函数，用 "const" 表示一个不依赖可训练参数 θ 的常数。对比公式（2.14）和公式（2.10）可知，DDPM 和 SGM 的训练目标是一样的，只需要令 $\epsilon_\theta = -\sigma_t s_\theta$，那么学习分数函数实际上可以看作是在学习预测噪声。

直观上来看，分数函数指向拥有更大似然（更少噪声）的数据分布，而去掉加在原始数据上的噪声就可以还原数据，从而最大化似然函数。事实上，由 Tweedie 公式可知，假设 $y = x + \sigma\epsilon$。那么 $E(x|y) = y + \sigma^2\nabla_y \log p(y)$。Tweedie 公式告诉我们，分数函数包含了原始数据的最小平方估计的全部信息。加噪数据 y 在加上 $\sigma^2\nabla_y \log p(y)$ 后，就在一定意义下去掉了所有的噪声，这从另一方面展现了分数函数与去噪的关系，向拥有更大似然的方向改变数据，就能实现数据去噪。Tweedie 公式的证明也比较简单。首先，

$$\nabla_y p(y) = \frac{1}{\sigma^2}\int (x - y)g(y - x)p(x)\mathrm{d}x$$

$$= \frac{1}{\sigma^2}\int (x - y)p(y, x)\mathrm{d}x$$

其中 $g(\cdot)$ 是标准高斯分布的概率密度函数，$p(x)$、$p(y)$、$p(x, y)$ 分别是 x、y、(x, y) 的概率密度函数。其次，

$$\sigma^2\frac{\nabla_y p(y)}{p(y)} = \int xp(x|y)\mathrm{d}x - \int yp(x|y)\mathrm{d}x = \hat{x}(y) - y$$

又因为 $\nabla_y \log p(y) = \frac{\nabla_y p(y)}{p(y)}$，带入上式即可。

对于样本生成，SGM 可以利用迭代方法使用 $s_\theta(x_T, T), s_\theta(x_{T-1}, T-1), \cdots, s_\theta(x_1, 1)$ 逐步生成样本。由于 SGM 将训练过程和生成过程解耦了，所以存在许多抽样方法，其中一些方法将在下一节中讨论。这里我们介绍 SGM 的第一个采样方法，称为"退火朗之万动力学"（ALD）[220]。设 N 为每个时间步骤的迭代次数，$s_t > 0$ 为步长。我们先初始化 ALD 和 x_t^N，然后依次对 $t=T, T-1, \cdots, 1$ 应用朗之万蒙特卡罗方法。在每一步有 $0 \leqslant t < T$，我们从 $x_t^0 = x_{t+1}^N$ 开始，然后根据以下更新规则迭代 $i = 0, 1, \cdots, N-1$：

$$\epsilon^i \leftarrow N(0, I)$$

$$x_t^{i+1} \leftarrow x_t^i + \frac{1}{2}s_t s_\theta(x_t^i, t) + \sqrt{s_t}\epsilon^i$$

根据朗之万蒙特卡罗方法的相关理论[176]，当 $s_t \to 0$ 且 $N \to \infty$ 时，x_0^N 将成为一个来自数据分布 $q(x_0)$ 的真实样本。

2.3　随机微分方程

DDPM 和 SGM 可以进一步推广到无限时间步长或噪声强度的情况，其中扰动过程和去噪过程是随机微分方程（SDE）的解。我们称这个形式为"Score SDE"[225]，因为它利用 SDE 进行噪声扰动和样本生成，去噪过程需要估计噪声数据分布的分数函数。Score SDE 生成过程与去噪过程示意图分别如图 2-5 所示。

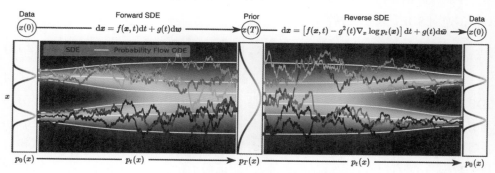

图 2-5　Score SDE 生成过程与去噪过程示意图

来源：Yang Song, Jascha Sohl-Dickstein, Diederik P Kingma, Abhishek Kumar, Stefano Ermon, and Ben Poole. Score-Based Generative Modeling

Score SDE 用下列的随机微分方程对数据进行扰动[225]：

$$\mathrm{d}\boldsymbol{x} = f(\boldsymbol{x}, t)\mathrm{d}t + g(t)\mathrm{d}\boldsymbol{w} \tag{2.15}$$

其中$f(\boldsymbol{x}, t)$和$g(t)$是 SDE 的漂移和扩散系数，$\boldsymbol{w}$ 是标准维纳过程（也就是"布朗运动"）。DDPM 和 SGM 中的正向过程都是该 SDE 的离散化。正如 Song 等人[225]所证，DDPM 相应的 SDE 为：

$$\mathrm{d}\boldsymbol{x} = -\frac{1}{2}\beta(t)\boldsymbol{x}\mathrm{d}t + \sqrt{\beta(t)}\mathrm{d}\boldsymbol{w} \tag{2.16}$$

其中$\beta\left(\frac{t}{T}\right) = T\beta_t$，$T$趋于无穷。假设初始分布的方差是 1，那么在 T 趋于无穷时，该过程的方差会趋于 1，所以这个 SDE 被称为"VP-SDE"（Variance Preserving SDE）。

对于 SGM，对应的 SDE 为：

$$\mathrm{d}\boldsymbol{x} = \sqrt{\frac{\mathrm{d}[\sigma^2(t)]}{\mathrm{d}t}}\mathrm{d}\boldsymbol{w} \tag{2.17}$$

其中$\sigma\left(\frac{t}{T}\right) = \sigma_t$，$T$ 趋于无穷。不管初始分布的方差如何，在 T 趋于无穷时，该 SDE 的解的方差都会"爆炸"，所以称此 SDE 为"VE-SDE"（Variance Exploding SDE）。这里我们用$q_t(\boldsymbol{x})$表示$\boldsymbol{x}_t$在正向过程中的分布。

至关重要的是，对于公式（2.15）形式的任何扩散过程，Anderson[4]表明通过求解以下逆向 SDE，可以被逆转：

$$\mathrm{d}\boldsymbol{x} = [f(\boldsymbol{x}, t) - g^2(t)\nabla_x \log q_t(\boldsymbol{x})]\mathrm{d}t + g(t)\mathrm{d}\bar{\boldsymbol{w}} \tag{2.18}$$

其中 $\bar{\boldsymbol{w}}$是时间反向的标准维纳过程，$\mathrm{d}t$表示无穷小的负的时间步长。这种逆向 SDE 的解p与正向 SDE 的解q都是以时间 t 为下标的无穷维的概率测度。它们具有相同的边际密度，只不过二者在时间上的演化是反向的。换句话说，设q_t、p_t分别是q、p在时间 t 的边际分布，那么$q_t = p_{T-t}$，$\forall t$。简而言之，逆向 SDE 的解是逐渐将噪声转换为数据的扩散过程。此外，Song 等人 [225]证明了存在一种常微分方程（Ordinary Differential Equation，ODE），被称为"概率流 ODE"（Probability flow ODE），其解轨迹与逆向 SDE 具有相同的边际分布：

$$\mathrm{d}\boldsymbol{x} = \left[f(\boldsymbol{x}, t) - \frac{1}{2}g^2(t)\nabla_x \log q_t(\boldsymbol{x})\,\mathrm{d}t\right] \tag{2.19}$$

逆向 SDE 和概率流 ODE 都允许从相同的数据分布中进行采样，因为二者的轨迹有相同的边缘分布。

一旦知道每个时刻 t 的分数函数$\nabla_x \log q_t(\boldsymbol{x})$，我们便完全了解了逆向 SDE（见公式（2.18））和概率流 ODE（见公式（2.19）），然后可以通过用各种数值方法求解它们来生成样本[225]，如退火朗之万动力学（Annealed Langevin Dynamics）[220]（见第 2.2 节）、数值 SDE 求解器[109,225]、数值 ODE 求解器[113, 146, 217, 225, 277]、预估校正法（Predictor-Corrector Methods）、马尔可夫链蒙特卡罗（Markov Chain Monte Carlo，MCMC）和数值 ODE/SDE 求解器的组合[225]。像在 SGM 中一样，我们参数化一个时间依赖的分数模型$\boldsymbol{s}_\theta(\boldsymbol{x}_t, t)$来估计分数函数，并将公式（2.14）中的分数匹配目标推广

到连续时间，以得到如下优化目标：

$$E_{t\sim U[0,T],\boldsymbol{x}_0,\boldsymbol{x}_t}\left[\lambda(t)\big\|\nabla_{\boldsymbol{x}_t}\log q_{0t}(\boldsymbol{x}_t|\boldsymbol{x}_0)-\boldsymbol{s}_\theta(\boldsymbol{x}_t,t)\big\|^2\right]\tag{2.20}$$

其中 $U[0,T]$ 是在集合 $\{0,1,2,\cdots,T\}$ 上的均匀分布。注意在上述目标中我们并没有直接计算分数网络和分数函数 $\nabla_{\boldsymbol{x}}\log q_t(\boldsymbol{x})$ 的损失，而是使用 $\nabla_{\boldsymbol{x}_t}\log q_{0t}(\boldsymbol{x}_t|\boldsymbol{x}_0)$ 作为替代。这种分数匹配的方法叫作"去噪分数匹配"，是扩散模型的主要训练方式。普通的分数匹配目标 $\|\nabla_{\boldsymbol{x}}\log q_t(\boldsymbol{x})-\boldsymbol{s}_\theta(\boldsymbol{x}_t,t)\|_2^2$ 是很难处理的，这是因为原数据分布是未知的，而根据 $q_t(\boldsymbol{x})=\int q_t(\boldsymbol{x}|\boldsymbol{y})q_0(\boldsymbol{y})\mathrm{d}\boldsymbol{y}$，$\nabla_{\boldsymbol{x}}\log q_t(\boldsymbol{x})$ 也是未知的。所以我们需要借助去噪分数进行匹配。Song 等人[235]的推导说明，分数匹配与去噪分数匹配之间只差了一个不依赖模型参数的项，而在我们的设定下，去噪分数匹配 $\|\nabla_{\boldsymbol{x}}\log q_t(\boldsymbol{x}_t|\boldsymbol{x}_0)-\boldsymbol{s}_\theta(\boldsymbol{x}_t,t)\|_2^2$ 是可以处理的。根据随机微分方程理论，只要 SDE 的漂移项关于 $\boldsymbol{x}$ 是线性的，那么我们就可以求解出 $q_t(\boldsymbol{x}_t|\boldsymbol{x}_0)$，也就可以计算出 $\nabla_{\boldsymbol{x}}\log q_t(\boldsymbol{x}_t|\boldsymbol{x}_0)$，并用于训练。

如上所述，扩散模型的加噪过程可以视作"特定 SDE 的解"，而去噪过程可以视作"基于分数匹配学习到的逆向 SDE 的解"。这意味着我们可以使用随机分析领域的工具对扩散模型进行理论分析。扩散模型在计算机视觉、自然语言处理、多模态学习等领域中都有出色的表现，这意味着扩散模型可以处理各种类型的数据，如连续型数据、离散型数据，或是存在于特定区域的数据。Chen 等人[291]在 "Sampling is as easy as learning the score: theory for diffusion models with minimal data assumptions" 中对上述观察给出了理论支持。理论分析表明，只要分数估计足够精确，并且前向扩散的时间足够长（使得最终加噪后的分布趋于先验分布），那么扩散模型就可以以多项式复杂度逼近任何（满足较弱条件的）连续型分布，而对于有紧支集的分布（如存在于流形上的分布）只需要进行"早期停止"（early stop），扩散模型就仍然具有多项式的收敛复杂度。这一方法要求分数估计的误差较小，这与扩散模型的训练目标一致。

Score SDE 代码实践

Score SDE 代码如下：

```
#代码源自: Score-Based Generative Modeling through Stochastic Differential
Equations
#训练 Score SDE 的函数
def train(config, workdir):
```

```
#参数
# config：使用的配置
# workdir：保存存档和结果的文件夹。如果文件夹中包含参数存档，那么会从存档位置继续训练
#创建记录实验日志的文件夹
    sample_dir = os.path.join(workdir, "samples")
    tf.io.gfile.makedirs(sample_dir)

    tb_dir = os.path.join(workdir, "tensorboard")
    tf.io.gfile.makedirs(tb_dir)
    writer = tensorboard.SummaryWriter(tb_dir)

    #初始化模型
    #用于预测分数的神经网络
    score_model = mutils.create_model(config)

    ema = ExponentialMovingAverage(score_model.parameters(),
                                   decay=config.model.ema_rate)
    optimizer = losses.get_optimizer(config, score_model.parameters())
    state = dict(optimizer=optimizer, model=score_model, ema=ema, step=0)

    #记录存档的地址
    checkpoint_dir = os.path.join(workdir, "checkpoints")
    checkpoint_meta_dir = os.path.join(workdir,
        "checkpoints-meta","checkpoint.pth")
    tf.io.gfile.makedirs(checkpoint_dir)
    tf.io.gfile.makedirs(os.path.dirname(checkpoint_meta_dir))
    #如果有存档的话，则会从存档位置继续训练
    state = restore_checkpoint(checkpoint_meta_dir, state, config.device)
    initial_step = int(state['step'])

    #分割和预处理数据
    train_ds, eval_ds, _ = datasets.get_dataset(
        config,uniform_dequantization=config.data.uniform_dequantization)
        train_iter = iter(train_ds)
    eval_iter = iter(eval_ds)
    scaler = datasets.get_data_scaler(config)
    inverse_scaler = datasets.get_data_inverse_scaler(config)

    #设置使用的 SDE，"vpsde" 对应 DDPM，"vesde" 对应 SGM，"subvpsde" 对应 Score SDE
    if config.training.sde.lower() == 'vpsde':
        sde = sde_lib.VPSDE(beta_min=config.model.beta_min,
                            beta_max=config.model.beta_max,
                            N=config.model.num_scales)
        sampling_eps = 1e-3
    elif config.training.sde.lower() == 'subvpsde':
        sde = sde_lib.subVPSDE(beta_min=config.model.beta_min,
```

```
                                    beta_max=config.model.beta_max,
                                    N=config.model.num_scales)
        sampling_eps = 1e-3
    elif config.training.sde.lower() == 'vesde':
        sde = sde_lib.VESDE(sigma_min=config.model.sigma_min,
                            sigma_max=config.model.sigma_max,
                            N=config.model.num_scales)
        sampling_eps = 1e-5
    else:
        raise NotImplementedError(f"SDE {config.training.sde} unknown.")

    optimize_fn = losses.optimization_manager(config)
    #Score SDE 使用连续时间的训练方式
    continuous = config.training.continuous
    reduce_mean = config.training.reduce_mean
    likelihood_weighting = config.training.likelihood_weighting
    #建立一次训练需要的函数，likelihood_weighting 是特殊的加权方式
    train_step_fn = losses.get_step_fn(sde, train=True,
                                        optimize_fn=optimize_fn,
                                        reduce_mean=reduce_mean,
                                        continuous=continuous,
                                        likelihood_weighting=
                                        likelihood_weighting)
    eval_step_fn = losses.get_step_fn(sde, train=False,
                                        optimize_fn=optimize_fn,
                                        reduce_mean=reduce_mean,
                                        continuous=continuous,
                                        likelihood_weighting=
                                        likelihood_weighting)
    #建立采样函数
    if config.training.snapshot_sampling:
        sampling_shape = (config.training.batch_size,
                            config.data.num_channels,
                            config.data.image_size, config.data.image_size)
        sampling_fn = sampling.get_sampling_fn(config, sde, sampling_shape,
                                                inverse_scaler, sampling_eps)
    num_train_steps = config.training.n_iters
    #开始训练
    for step in range(initial_step, num_train_steps + 1):
        #将数据转为 JAX 序列并正则化
        batch =torch.from_numpy(next(train_iter)['image']._numpy()).
            to(config.device).float()
        batch = batch.permute(0, 3, 1, 2)
        batch = scaler(batch)
        #进行一次训练
        loss = train_step_fn(state, batch)
```

```
#周期性输出
if step % config.training.log_freq == 0:
logging.info("step: %d, training_loss: %.5e" % (step, loss.item()))
writer.add_scalar("training_loss", loss, step)
#暂时保存存档
if step != 0 and step % config.training.snapshot_freq_for_preemption
    == 0:
save_checkpoint(checkpoint_meta_dir, state)

#周期性地在测试数据集上评价模型的训练结果
if step % config.training.eval_freq == 0:
  eval_batch =
      torch.from_numpy(next(eval_iter)['image']._numpy()).
        to(config.device).float()
eval_batch = eval_batch.permute(0, 3, 1, 2)
eval_batch = scaler(eval_batch)
eval_loss = eval_step_fn(state, eval_batch) #在测试数据集上的损失
logging.info("step: %d, eval_loss: %.5e" % (step, eval_loss.item()))
writer.add_scalar("eval_loss", eval_loss.item(), step)

#周期性保存训练结果，如有需要的话，则可以生成样本
if step != 0 and step % config.training.snapshot_freq
                            == 0 or step == num_train_steps:
#保存结果
save_step = step // config.training.snapshot_freq
save_checkpoint(os.path.join(checkpoint_dir,
    f'checkpoint_{save_step}.pth'), state)


#核心代码：建立一次训练/评价函数
def get_step_fn(sde, train, optimize_fn=None, reduce_mean=False,
                continuous=True, likelihood_weighting=False):
#参数
# sde：一个'sde_lib.SDE'object 表示前向 SDE
# optimize_fn：优化函数
# reduce_mean：如果为 True，则会对损失函数做平均，否则对数据所有维度的损失进行求和
# continuous：如果为 True，则使用的是连续时间模型
# likelihood_weighting：如果为 True，则使用特殊的最大化似然加权方法
#返回：训练或评价用的函数
    if continuous:
        loss_fn = get_sde_loss_fn(sde, train, reduce_mean=reduce_mean,
                            continuous=True,
                            likelihood_weighting=likelihood_weighting)
    else:
        #离散时间的目标函数，在原始的扩散模型中不支持 likelihood_weighting 这种特殊的
        加权方式
```

```
        assert not likelihood_weighting
        if isinstance(sde, VESDE):
            loss_fn = get_smld_loss_fn(sde, train, reduce_mean=reduce_mean)
        elif isinstance(sde, VPSDE):
            loss_fn = get_ddpm_loss_fn(sde, train, reduce_mean=reduce_mean)
        else:
            raise ValueError(f"Discrete training for {sde.__class__.__name__}
                        is not recommended.")

    def step_fn(state, batch):
    #参数
    # state：包含训练参数的字典、分数函数、优化器、EMA 状态、优化步数
    # batch：一批训练/测试数据
    #返回：此状态下的平均损失
        model = state['model']
        if train:
        optimizer = state['optimizer']
            optimizer.zero_grad()
            #使用刚引入的目标函数计算损失
                loss = loss_fn(model, batch)
                loss.backward()
                optimize_fn(optimizer, model.parameters(), step=state['step'])
                state['step'] += 1
                state['ema'].update(model.parameters())
        else:
                with torch.no_grad():
                ema = state['ema']
                ema.store(model.parameters())
                ema.copy_to(model.parameters())
                loss = loss_fn(model, batch)
                ema.restore(model.parameters())
        return loss
    return loss_fn

#连续时间下的目标函数
def get_sde_loss_fn(sde, train, reduce_mean=True, continuous=True,
                likelihood_weighting=True, eps=1e-5):
        reduce_op = torch.mean if reduce_mean else lambda *args, **kwargs:
            0.5 * torch.sum(*args, **kwargs)
    def loss_fn(model, batch):
    #参数
    # model：预测分数函数的网络
    # batch：mini-batch 的训练数据

        #返回：mini-batch 的平均损失
            #获得连续时间下的分数函数
```

```
        score_fn = mutils.get_score_fn(sde, model, train=train,
                                       continuous=continuous)
        #生成训练需要的加噪数据
        t = torch.rand(batch.shape[0], device=batch.device) * (sde.T - eps)
                      + eps
        z = torch.randn_like(batch) #高斯噪声
        mean, std = sde.marginal_prob(batch, t)
        perturbed_data = mean + std[:, None, None, None] * z
        #预测分数函数
        score = score_fn(perturbed_data, t)
        #计算损失
        if not likelihood_weighting:
            losses = torch.square(score * std[:, None, None, None] + z)
            losses = reduce_op(losses.reshape(losses.shape[0], -1), dim=-1)
        else: #likelihood weighting 加权
            g2 = sde.sde(torch.zeros_like(batch), t)[1] ** 2
            losses = torch.square(score + z / std[:, None, None, None])
            losses = reduce_op(losses.reshape(losses.shape[0], -1), dim=-1) * g2
        loss = torch.mean(losses)
    return loss
```

这里我们给出训练完成的 Score SDE 模型生成得到的示例结果图片，如图 2-6 所示。

图 2-6　不同步数下生成的人脸图片

2.4　扩散模型的架构

扩散模型需要训练一个神经网络来学习加噪数据的分数函数$\nabla_x \log q_t(x)$，或者学习加在数据上的噪声ϵ。由于分数函数是对输入数据的似然的导数，所以其维度和输

入数据的维度相同；同样地，由于我们对输入数据的每一个维度都加入了独立的标准
高斯噪声，所以神经网络预测的噪声维度与输入数据相同。将扩散模型用在图像生成
上，U-Net 是一个常用的选择，因为它满足输出和输入的分辨率相同的条件。U-Net
是一种典型的编码-解码结构，主要由 3 部分组成：下采样、上采样和跳连（skip
connection）。编码器利用卷积层和池化层进行逐级下采样。下采样过程中因为进行池
化，所以数据的空间分辨率变小。但数据的通道数因为卷积的作用逐渐变大，从而可
以学习图片的高级语义信息。解码器利用反卷积进行逐级上采样，空间分辨率变大，
数据维度变小。输入原始图像中的空间信息与图像中的边缘信息会被逐渐恢复。由此，
低分辨率的特征图最终会被映射为与原数据维度相同的像素级结果图。因为下采样和
上采样过程形成了一个 U 形结构，所以被称为 "U-Net"。而为了进一步弥补编码阶段
下采样丢失的信息，在网络的编码器与解码器之间，U-Net 算法利用跳连来融合两个
过程中对应位置上的特征图，使得解码器在进行上采样时能够融合不同层次的特征信
息，进而恢复、完善原始图像中的细节信息。如图 2-7 所示，这是一个用于扩散模型
的 U-Net 架构图，该结构在第 t 步去噪过程中，接收去噪对象 x_t 和时间嵌入（time
embedding）t_{emb}，输出去噪结果。值得注意的是，由于去噪过程是依赖于时间 t 的，
所以 U-Net 中的残差模块也进行了相应的修改，在抽取特征时，将 t_{emb} 考虑进来，如
图 2-8 所示。

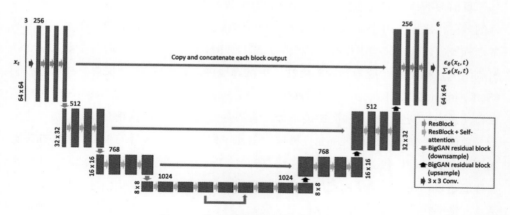

图 2-7 用于扩散模型的 U-Net 架构

29

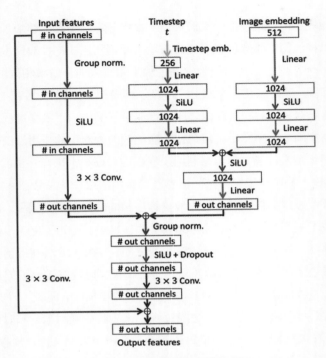

图 2-8 用于扩散模型的残差模块

目前 U-Net 是扩散模型的主流架构，但是研究人员发现使用其他架构也能实现较好的效果，比如使用 Transformer 架构。近年 Transformer 被广泛地应用在深度学习的各个领域中。其在架构中抛弃了传统的 CNN 和 RNN，整个网络结构完全由 Attention 机制组成，拥有并行能力和可扩展性。更准确地讲，Transformer 仅由自注意力机制（Self-Attention Mechanism）和前馈神经网络（Feed Forward Neural Network）组成。在自注意力机制中，输入序列中的每个元素都会与其他元素进行相互作用，从而生成一个新的特征向量。这种机制允许模型对输入序列进行非常灵活的处理，能够捕捉输入序列中的长程依赖关系。除了自注意力机制，Transformer 中的前馈神经网络模块也发挥着重要作用。该模块由几层全连接层组成，使用激活函数 ReLU 对中间层进行激活。前馈神经网络模块可以帮助模型捕捉输入序列中的非线性关系，从而更好地进行数据建模。Transformer 的自注意力机制是 Transformer 最核心的内容，自注意力机制能够对一个序列中的每个元素计算权重，表示该元素与其他元素之间的相关性，然后通过加权求和的方式将所有元素聚合起来得到一个新的表示。下面主要讲解 Transformer 的编码阶段，因为在扩散模型中我们只需要提取图像特征从而学习分数函数，或者逆向转移核的参数。为了使用 Transformer 架构处理图像数据，需要先通过 patch 操作将图像的空间表示转化为一系列 token，并加入位置嵌入。对于一个 token 序列，首先通过可学习的线性映射计算出序列中的每个向量（t_i）对应的 Query 向量（Q_i），Key 向量（K_i）和 Value 向量（V_i），然后为每一个向量计算它和其他向量的评分：$<Q_i, K_j>/\sqrt{d_k}$，其中 d_k 是 K 的维度。对评分进行 softmax 计算得到注意力系数 a_{ij}，最终得到输出结果 $z_i = \sum_j a_{ij} v_j$。之后 z 就会被输入前馈神经网络做进一步处理。Query、Key、Value 的概念取自信息检索系统。举一个简单的例子，当顾客在某电商平台搜索某件商品（如有深度学习代码的参考书）时，顾客在搜索引擎中输入的内容便是 Query，然后搜索引擎根据 Query 为顾客匹配 Key（如"深度学习""代码""参考书"），然后根据 Query 和 Key 的相似度得到匹配的内容（Value）。这里的 $<Q_i, K_j>$ 可以视为向量 i 和向量 j 的相关程度，s_{ij} 就是向量 i 对向量 j 的注意力大小。为了防止学习退化，Self-Attention 中使用了残差链接。一个向量可以拥有多个（Q, K, V），对每个（Q, K, V）都进行上述计算，最终的输出结果就是所有并行 Head 中 Self-Attention 输出结果的拼接，这种方式被称为"Multi-Head Attention"（多头注意力），如图 2-9 所示[293]。一个基于 Transformer 的可训练的神经网络可以通过堆叠 Transformer 的形式进行搭建。在扩散模型中，可以使用 Transformer 架构对每一步的加噪数据进行编码，然后使用编码结果来预测下一步转移核的期望和方差，从而代替 U-Net 架构。

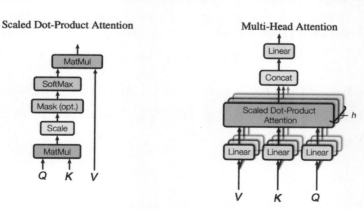

图 2-9　Self-Attention（左）和 Multi-Head Attention（右）

Peebles 等人[290]在"Scalable Diffusion Models with Transformers"中使用 Transformer 替换 U-Net，不仅速度更快（更高的 Gflops），而且在条件生成任务上，效果更好。该研究提出的 DiT 框架如图 2-10 所示，DiT 基于"Latent Diffusion Transformer"进行了 3 种改进，将每一步中的t_{emb}和 label 等条件信息作为引导信息加入 Transformer 结构中，加入的方式分为 3 种：（1）自适应的层标准化。将 Transformer 模块中常用的层标准化（Layer Normalization，LN）换成了自适应的层标准化（Adaptive Layer Normalization，AdaLN），即用引导信息去自适应地生成相应的缩放和漂移参数；（2）交叉注意力（Cross-Attention）。将引导信息直接和输入的中间特征进行混合；（3）上下文条件（In-Context Conditioning）。将引导信息作为额外的输入拼接在输入端。其中，AdaLN 的效果更好，速度更快。在 ImageNet 上的生成实验表明了基于 Transformer 的扩散模型架构的优越性。

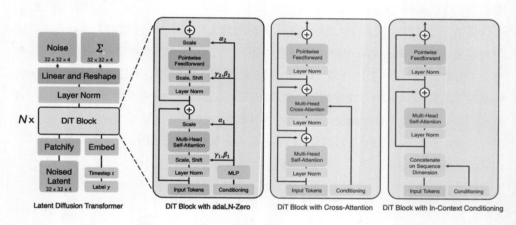

图 2-10　Diffusion Transformer（DiT）框架图

DiT 还做了一项验证实验，如图 2-11 所示。增加 DiT 中"transformer"的深度/宽度，或者增加输入的"token"数量（减少图像"patch"的大小）都能够提高生成图像的效果。

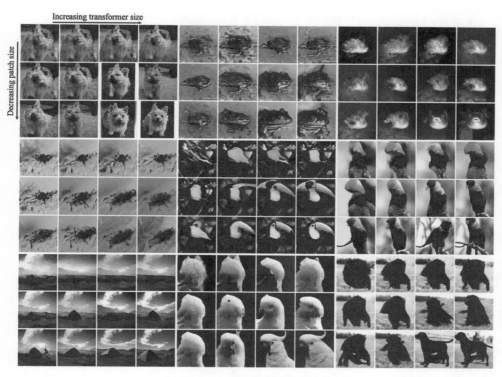

图 2-11 DiT 架构分析实验结果

U-Net 代码实践

U-Net 代码如下：

```python
#代码源自: Denoising Diffusion Probabilistic Model, in PyTorch
class Unet(nn.Module):
    def __init__(
        self, dim, init_dim = None, out_dim = None, dim_mults=(1, 2, 4, 8),
            channels = 3,
        self_condition = False, resnet_block_groups = 8, learned_variance =
            False,
        learned_sinusoidal_cond = False, random_fourier_features = False,
        learned_sinusoidal_dim = 16
    ):
    #参数
    # dim: 维度参数
    # init_dim: 初始的卷积层的输出通道数
    # out_dim: 模型输出通道数
```

```
# dim_mults：下采样时每一步通道数是原始通道数的倍数
# channels：原始通道数
# self_condition：是否使用条件扩散
# resnet_block_groups：使用组归一化时的组数
# learned_variance：是否学习逆向扩散过程的方差
# learned_sinusoidal_cond：时间嵌入是否使用学习的嵌入方式
# random_fourier_features：是否使用傅里叶特征
# learned_sinusoidal_dim：学习的时间嵌入维数
    super().__init__()
    #确定维数
    self.channels = channels
    self.self_condition = self_condition
    input_channels = channels * (2 if self_condition else 1)
    init_dim = default(init_dim, dim)
    #进行第一次卷积将输入数据的 3 个通道转换为 init_dim 个通道
    self.init_conv = nn.Conv2d(input_channels, init_dim, 7, padding = 3)
    #建立下采样和上采样时数据的通道数
    dims = [init_dim, *map(lambda m: dim * m, dim_mults)]
    #获得下采样的每一步输入维度和输出维度，即表中正序排列的每一个二元组。获得上采样
    的每一步输入维度和输出维度，只需将列表进行逆序排列
    in_out = list(zip(dims[:-1], dims[1:]))
    #初始化非线性映射模块，利用了时间嵌入的残差连接网络
    block_klass = partial(ResnetBlock, groups = resnet_block_groups)
    #时间嵌入
    time_dim = dim * 4
    self.random_or_learned_sinusoidal_cond = learned_sinusoidal_cond or
        random_fourier_features
    #使用预先学习的嵌入方式
    if self.random_or_learned_sinusoidal_cond:
        sinu_pos_emb = RandomOrLearnedSinusoidalPosEmb(
                        learned_sinusoidal_dim,random_fourier_features)
        fourier_dim = learned_sinusoidal_dim + 1
    else:
        #使用内置的时间嵌入方式
        sinu_pos_emb = SinusoidalPosEmb(dim)
        fourier_dim = dim
    self.time_mlp = nn.Sequential(
        sinu_pos_emb,
        nn.Linear(fourier_dim, time_dim),
        nn.GELU(),
        nn.Linear(time_dim, time_dim))
    #映射层。in_out 记录了下采样的每一步的输入维度和输出维度
    self.downs = nn.ModuleList([])
    self.ups = nn.ModuleList([])
    num_resolutions = len(in_out)
    #进行下采样
```

```
        for ind, (dim_in, dim_out) in enumerate(in_out):
            is_last = ind >= (num_resolutions - 1)
            self.downs.append(nn.ModuleList([
                #非线性映射，不改变数据维度
                block_klass(dim_in, dim_in, time_emb_dim = time_dim),
                block_klass(dim_in, dim_in, time_emb_dim = time_dim),
                #有正则化和线性注意力的残差网络
                Residual(PreNorm(dim_in, LinearAttention(dim_in))),
                #在此映射后数据长度和宽度都除以 2，维度增加为 2 倍
                Downsample(dim_in, dim_out) if not is_last else
                        nn.Conv2d(dim_in, dim_out, 3, padding = 1)
            ]))
        #对低维度特征进一步卷积来提取特征，但保持维度不变
        mid_dim = dims[-1]
        self.mid_block1 = block_klass(mid_dim, mid_dim, time_emb_dim =
            time_dim)
        #有正则化和注意力的残差网络
        self.mid_attn = Residual(PreNorm(mid_dim, Attention(mid_dim)))
        self.mid_block2 = block_klass(mid_dim, mid_dim, time_emb_dim =
            time_dim)
        #进行上采样
        for ind, (dim_in, dim_out) in enumerate(reversed(in_out)):
            is_last = ind == (len(in_out) - 1)
            self.ups.append(nn.ModuleList([
                block_klass(dim_out + dim_in, dim_out, time_emb_dim = time_dim),
                block_klass(dim_out + dim_in, dim_out, time_emb_dim = time_dim),
                Residual(PreNorm(dim_out, LinearAttention(dim_out))),
                #上采样函数，将数据的长度和宽度乘以 2，并将通道数除以 2
                Upsample(dim_out, dim_in) if not is_last else
                        nn.Conv2d(dim_out, dim_in, 3, padding = 1)
            ]))
        #如果学习逆向方差，则需要额外 1 倍的通道来进行学习
        default_out_dim = channels * (1 if not learned_variance else 2)
        self.out_dim = default(out_dim, default_out_dim)
        #最后的输出层
        self.final_res_block = block_klass(dim * 2, dim, time_emb_dim =
            time_dim)
        self.final_conv = nn.Conv2d(dim, self.out_dim, 1)

    def forward(self, x, time, x_self_cond = None):
        #使用条件扩散
        if self.self_condition:
            x_self_cond = default(x_self_cond, lambda: torch.zeros_like(x))
            x = torch.cat((x_self_cond, x), dim = 1)
        #初始化数据、数据复制和时间嵌入
        x = self.init_conv(x)
```

```
        r = x.clone()
        t = self.time_mlp(time)

        h = []
        #下采样时记录映射结果，之后需要拼接到上采样对应层的特征
        for block1, block2, attn, downsample in self.downs:
            x = block1(x, t)
            h.append(x)
            x = block2(x, t)
            x = attn(x)
            h.append(x)
            x = downsample(x)
        #对高级语义特征进一步卷积
        x = self.mid_block1(x, t)
        x = self.mid_attn(x)
        x = self.mid_block2(x, t)
        #上采样
        for block1, block2, attn, upsample in self.ups:
            x = torch.cat((x, h.pop()), dim = 1)
            x = block1(x, t)
            x = torch.cat((x, h.pop()), dim = 1)
            x = block2(x, t)
            x = attn(x)
            x = upsample(x)
        #将初始特征拼接到经过下采样、上采样学习得到的特征，从而充分利用信息
        x = torch.cat((x, r), dim = 1)
        #输出前最后的卷积
        x = self.final_res_block(x, t)
        return self.final_conv(x)

#非线性映射模块
class ResnetBlock(nn.Module):
    def __init__(self, dim, dim_out, *, time_emb_dim = None, groups = 8):
    # 参数
    # dim: 输入维度
    # dim_out: 输出维度
    # time_emb_dim: 时间嵌入
    # groups GroupNorm: 组数
        super().__init__()
        self.mlp = nn.Sequential(
            nn.SiLU(),
            nn.Linear(time_emb_dim, dim_out * 2)
        ) if exists(time_emb_dim) else None

        self.block1 = Block(dim, dim_out, groups = groups)
        self.block2 = Block(dim_out, dim_out, groups = groups)
```

```
        self.res_conv = nn.Conv2d(dim, dim_out, 1) if dim != dim_out else
            nn.Identity()

    def forward(self, x, time_emb = None):
        scale_shift = None
        #使用时间嵌入学习对数据进行缩放的参数
        if exists(self.mlp) and exists(time_emb):
            time_emb = self.mlp(time_emb)
            time_emb = rearrange(time_emb, 'b c -> b c 1 1')
            scale_shift = time_emb.chunk(2, dim = 1)
        h = self.block1(x, scale_shift = scale_shift)
        h = self.block2(h)
        #仍然使用残差链接
        return h + self.res_conv(x)

class Block(nn.Module):
    def __init__(self, dim, dim_out, groups = 8):
        super().__init__()
        self.proj = WeightStandardizedConv2d(dim, dim_out, 3, padding = 1)
        self.norm = nn.GroupNorm(groups, dim_out)
        self.act = nn.SiLU()

def forward(self, x, scale_shift = None):
    #对数据进行卷积，然后进行组归一化
        x = self.proj(x)
        x = self.norm(x)
        #使用时间嵌入的信息对数据进行缩放
        if exists(scale_shift):
            scale, shift = scale_shift
            x = x * (scale + 1) + shift
        x = self.act(x)
        return x
#下采样：降低数据分辨率，提高数据通道数（特征维度）
from einops import rearrange, reduce
from einops.layers.torch import Rearrange
def Downsample(dim, dim_out = None):
# 参数
# dim：输入通道数
# dim_out：输出通道数
    return nn.Sequential(
        Rearrange('b c (h p1) (w p2) -> b (c p1 p2) h w', p1 = 2, p2 = 2),
        nn.Conv2d(dim * 4, default(dim_out, dim), 1)
    )
#上采样：使用内置的上采样函数，默认将数据长度和宽度变为原来的 2 倍
def Upsample(dim, dim_out = None):
# 参数
```

```
# dim：输入通道数
# dim_out：输出通道数
    return nn.Sequential(
        nn.Upsample(scale_factor = 2, mode = 'nearest'),
        nn.Conv2d(dim, default(dim_out, dim), 3, padding = 1)
    )
```

Transformer 代码实践

Transformer 代码如下：

```
#代码源自：BERT-PyTorch
#一个 Transformer 模块
import torch.nn as nn
from .attention import MultiHeadedAttention
from .utils import SublayerConnection, PositionwiseFeedForward

class TransformerBlock(nn.Module):
    def __init__(self, hidden, attn_heads, feed_forward_hidden, dropout):
    # 参数
    # hidden：中间层大小
    # attn-heads：多头注意力的头数量
    # feed_forward_hidden：ffn(feed-forward network)大小，一般是 4*hidden_size
    # dropout：dropout 比例

        super().__init__()
        self.attention = MultiHeadedAttention(h=attn_heads, d_model=hidden)
        self.feed_forward = PositionwiseFeedForward(d_model=hidden,
                                            d_ff=feed_forward_hidden,
                                            dropout=dropout)
        self.input_sublayer = SublayerConnection(size=hidden,
                                            dropout=dropout)
        self.output_sublayer = SublayerConnection(size=hidden,
                                            dropout=dropout)
        self.dropout = nn.Dropout(p=dropout)

    def forward(self, x, mask):
        x = self.input_sublayer(x, lambda _x: self.attention.forward(_x, _x,
            _x, mask=mask))
        x = self.output_sublayer(x, self.feed_forward)
        return self.dropout(x)

#残差链接和层正则化
from .layer_norm import LayerNorm
class SublayerConnection(nn.Module):
```

```python
    def __init__(self, size, dropout):
        super(SublayerConnection, self).__init__()
        self.norm = LayerNorm(size)
        self.dropout = nn.Dropout(dropout)

    def forward(self, x, sublayer):
        #先进行正则化，再进行 sublayer 指定的运算，然后添加残差链接
        "Apply residual connection to any sublayer with the same size."
        return x + self.dropout(sublayer(self.norm(x)))

#输入 query, key, value，计算归一化的内积注意力
class Attention(nn.Module):
    def forward(self, query, key, value, mask=None, dropout=None):

        #将 key 转置来计算 batch 的 score
        scores = torch.matmul(query, key.transpose(-2, -1)) / \
                             math.sqrt(query.size(-1))
        if mask is not None:
            scores = scores.masked_fill(mask == 0, -1e9)
        p_attn = F.softmax(scores, dim=-1)
        if dropout is not None:
            p_attn = dropout(p_attn)
        return torch.matmul(p_attn, value), p_attn

#多头注意力模块
from .single import Attention
class MultiHeadedAttention(nn.Module):
    def __init__(self, h, d_model, dropout=0.1):
    # 参数
    # h: 头的数量
    # d_model: 模型隐层维度
        super().__init__()
        assert d_model % h == 0
        # 假设 d_v=d_k
        self.d_k = d_model // h
        self.h = h
        self.linear_layers = nn.ModuleList([nn.Linear(d_model, d_model) for
                                        _ in range(3)])
        self.output_linear = nn.Linear(d_model, d_model)
        self.attention = Attention()
        self.dropout = nn.Dropout(p=dropout)

    def forward(self, query, key, value, mask=None):
        batch_size = query.size(0)
        #计算 batch 中所有的线性映射，获得 query、key、value，d_model 被拆分为 h*d_k
```

```
        query, key, value = [l(x).view(batch_size, -1, self.h,
        self.d_k).transpose(1, 2)
            for l, x in zip(self.linear_layers, (query, key, value))]
        #对 batch 中所有数据应用注意力机制
        x, attn = self.attention(query, key, value, mask=mask,
                                    dropout=self.dropout)
        #拼接数据，然后进行最后的映射
        x = x.transpose(1, 2).contiguous().view(batch_size, -1, self.h *
            self.d_k)
        return self.output_linear(x)

#前馈网络，线性映射+gelu 激活+dropout+线性映射
from .gelu import GELU
class PositionwiseFeedForward(nn.Module):
    def __init__(self, d_model, d_ff, dropout=0.1):
    # 参数
    # d_model：隐层维度
    # d_ff：前馈网络维度
        super(PositionwiseFeedForward, self).__init__()
        self.w_1 = nn.Linear(d_model, d_ff)
        self.w_2 = nn.Linear(d_ff, d_model)
        self.dropout = nn.Dropout(dropout)
        self.activation = GELU()

    def forward(self, x):
        return self.w_2(self.dropout(self.activation(self.w_1(x))))
```

后续扩散模型的研究重点是改进这些经典方法（DDPM、SGM 和 SDE）。我们将在接下来的章节（第 3 章至第 5 章）中对"扩散模型的高效采样""扩散模型的似然最大化""将扩散模型应用于具有特殊结构的数据"各个主题中的一些经典论文进行详细的阐释。在表 2-1 中，我们对 3 种类型的扩散模型进行了更详细的分类，还记录了对应文章和年份，并进行连续和离散两种时间设定。

表 2-1

Primary	Secondary	Tertiary	Article	Year	Setting
Efficient Sampling	Learning-Free Sampling	SDE Solvers	Song et al. [225]	2020	Continuous
			Jolicoeur et al. [110]	2021	Continuous
			Jolicoeur et al. [109]	2021	Continuous
			Chuang et al. [37]	2022	Continuous
			Song et al. [220]	2019	Continuous
			Karras et al. [113]	2022	Continuous
			Dockhorn et al. [54]	2021	Continuous
		ODE Solvers	Song et al. [217]	2020	Continuous
			Zhang et al. [278]	2022	Continuous
			Karras et al. [113]	2022	Continuous
			Lu et al. [146]	2022	Continuous
			Zhang et al. [277]	2022	Continuous
			Liu et al. [142]	2021	Continuous
	Learning-Based Sampling	Optimized Discretization	Watson et al. [243]	2021	Discrete
			Watson et al. [242]	2021	Discrete
			Dockhorn et al. [55]	2021	Continuous
		Knowledge Distillation	Salimans et al. [203]	2021	Discrete
			Luhman et al. [148]	2021	Discrete
		Truncated Diffusion	Lyu et al. [156]	2022	Discrete
			Zheng et al. [284]	2022	Discrete
Improved Likelihood	Noise Schedule Optimization	Noise Schedule Optimization	Nichol et al. [166]	2021	Discrete
			Kingma et al. [121]	2021	Discrete
	Reverse Variance Learning	Reverse Variance Learning	Bao et al.[8]	2021	Discrete
			Nichol et al. [166]	2021	Discrete
	Exact Likelihood Computation	Exact Likelihood Computation	Song et al. [219]	2021	Continuous
			Huang et al. [98]	2021	Continuous
			Song et al. [225]	2020	Continuous
			Lu et al. [145]	2022	Continuous
Data with Special Structures	Manifold Structures	Learned Manifolds	Vahdat et al. [234]	2021	Continuous
			Wehenkel et al. [244]	2021	Discrete
			Ramesh et al. [186]	2022	Discrete
			Rombach et al. [198]	2022	Discrete
		Known Manifolds	Bortoli et al. [45]	2022	Continuous
			Huang et al. [97]	2022	Continuous
	Data with Invariant Structures	Data with Invariant Structures	Niu et al. [171]	2020	Discrete
			Jo et al. [108]	2022	Continuous
			Shi et al. [210]	2022	Continuous
			Xu et al. [259]	2021	Discrete
	Discrete Data	Discrete Data	Sohl et al. [215]	2015	Discrete
			Austin et al. [6]	2021	Discrete
			Xie et al. [255]	2022	Discrete
			Gu et al. [83]	2022	Discrete
			Campbell et al. [21]	2022	Continuous

第 3 章

扩散模型的高效采样

使用扩散模型生成样本通常需要使用迭代的方法，涉及大量的计算步骤，时间复杂度较高。最近大量的工作集中在加快扩散模型的采样过程，同时提高所生成样本的质量。我们将这些高效的抽样方法分为两大类：一类是不涉及学习的抽样方法（无学习采样）；另一类是在扩散模型训练后需要进行额外学习的抽样方法（基于学习的采样）。

3.1　微分方程

微分方程是描述某一类函数与其导数关系的方程，微分方程的解是满足微分方程的一类函数。微分方程的应用十分广泛，可以解决许多与导数有关的问题。物理中许多涉及变力的运动学、动力学问题，如空气的阻力为速度函数的落体运动等问题，很多可以用微分方程求解。此外，微分方程在化学、工程学、经济学和人口统计等领域都有应用，比如流行病学中的 SIR 模型、金融行业中的布莱克-舒尔斯模型，等等。传统的微分方程需要研究者根据自己对系统的底层逻辑和规则的认知对方程的形式和参数进行设计，然后使用数据对模型进行验证，再进一步对模型进行改进，循环往复。随着深度学习的蓬勃发展，我们可以利用现代计算机的强大算力和机器学习算法，直接从数据中学习这些系统运行的逻辑或规则，实现让数据说话。现代的深度学习算法不仅可以优化微分方程的参数，还可以对给定的（偏）微分方程进行求解。反过来，使用跳连的深度神经网络可以被视作常微分方程的离散形式，如 ResNET 可以被视为一个常微分方程的欧拉离散。从这个视角出发，我们可以利用微分方程领域的知识对神经网络进行设计和分析[328]。随机微分方程是一类特殊的微分方程，它描述了一类随机过程的轨迹。一般的随机微分方程形式为

$$\mathrm{d}\boldsymbol{x}_t = f(\boldsymbol{x}_t, t)\mathrm{d}t + g(\boldsymbol{x}_t, t)\mathrm{d}\mathbf{w}$$

设 $g(\boldsymbol{x}_t, t) = g(t)$ 可以得到简化的公式（2.15）。但由于布朗运动的轨迹不是可微的，所以本质上随机微分方程是由相应的积分方程定义的：

$$\boldsymbol{x}_t = \int f(\boldsymbol{x}_t, t)\mathrm{d}t + \int g(\boldsymbol{x}_t, t)\mathrm{d}\mathbf{w}$$

而其中对轨迹的随机积分 $\int g(\boldsymbol{x}_t, t)\mathrm{d}\mathbf{w}$ 在扩散模型中通常指的是"伊藤积分"。利

用随机微积分的工具，我们可以研究扩散模型的性质并对其进行改进，比如利用福克-普朗克方程（Fokker-Planck Equation）我们可以证明 Score SDE 与概率流 ODE 的等价性，利用吉尔萨诺夫变换（Girsanov Transformation）和伊藤对称性我们可以证明 Score SDE 的训练方法和最大似然训练的关系。

如 2.3 节所述，扩散模型可以被视为随机微分方程的离散化。扩散模型的生成过程就是对逆向 SDE 进行数值求解。在 Score SDE 中，首先我们使用深度学习算法在数据中对真实的逆向 SDE（见公式（2.18））进行还原，然后通过数值算法（进一步利用深度学习）对拟合的逆向 SDE 进行求解。值得注意的是，由于前人对微分方程的研究，我们不需要从头开始学习，我们只要对分数函数进行估计，就能还原出完整的 SDE，而分数网络的训练通过去噪分数匹配的方式可以转化成简单且稳定的 L_2 损失。此外，在 Score SDE 中对微分方程的估计和求解是解耦的，这使得我们可以对特定形式的或训练好的扩散模型设计采样方案，进一步优化扩散模型的效果。扩散模型的问题之一是其采样速度慢。这是因为对 SDE 进行数值求解实际上就是对 SDE 的解进行离散化近似，因此会存在离散化误差。当离散步数多、步长值小时，误差就小，就能产生精确的数据，但是也导致了采样时间过长的问题，因为每一步的求解都需要调用一次深度神经网络来计算分数函数。下面我们将介绍如何通过无学习采样（无学习）和基于学习的采样（有学习）这两种方式提高扩散模型的采样效率。

3.2 确定性采样

许多扩散模型的抽样方法依赖于对于公式（2.18）中的逆向 SDE 或公式（2.19）中的概率流 ODE 进行离散化数值求解。从理论上看，离散化的时间间隔越短、时间步数越多，数值近似求解的结果越好，生成的样本分布越接近于原始数据分布。但是增加采样的时间步数将导致采样成本增加，因为采样的时间与离散时间步数成正比。所以许多研究人员专注于开发更好的离散化数值求解方法，在减少时间步数的同时尽量减小离散化误差。

3.2.1　SDE 求解器

DDPM[90, 215]的生成过程可以被看作是一个逆向 SDE 的特殊离散化。正如第 2.3 节所讨论的，DDPM 的前向过程离散化了公式（2.16）中的 SDE，其相应的逆向 SDE 的形式为：

$$\mathrm{d}x = -\frac{1}{2}\beta(t)(x_t - \nabla_{x_t}\log q_t(x_t))\,\mathrm{d}t + \sqrt{\beta(t)}\mathrm{d}\bar{w} \tag{3.1}$$

Song 等人[225]证明，由公式（2.5）定义的逆向马尔可夫链相当于公式（3.1）中的数值 SDE 求解器。

噪声条件分数网络（Noise-Conditional Score Network，NCSN）[220]和临界阻尼朗之万扩散（Critically-Damped Langevin Diffusion，CLD）[54]都是在朗之万动力学（Langevin Dynamics）的启发下求解逆向 SDE 的。特别是，噪声条件分数网络利用退火朗之万动力学（ALD，见第 2.2 节）迭代生成的数据，同时平滑地降低噪声水平，直到生成的数据收敛到原始数据的分布。朗之万方程是一个用来描述粒子在流体里因为受到粒子间不断碰撞和潜在的外部力场，而表现出随机移动的布朗运动的方程。在应用中，朗之万方法使用分数函数 $\nabla_y \log p(y)$ 来产生服从 $p(x)$ 的样本。具体方法是，给定步长 h 和初始分布 $x_0 \sim \pi(x)$，朗之万方法使用下面的方法进行迭代：

$$x_t = x_{t-1} + \frac{h}{2}\nabla_x \log p(x_{t-1}) + \sqrt{h}z_t$$

其中 z_t 服从独立的标准正态分布。当 $h \to 0$，$T \to \infty$ 时，在一定正则条件下 x_T 的分布会趋于原始数据的分布。但是此方法存在问题。首先，现实世界的数据往往存在于一个低维流形上，这样对于不在这个低维流形上的点就无法定义该位置的分数函数；其次，对于处于低密度区的点，模型也很可能因为无法获得足够多的数据而无法准确地学习该位置的分数函数。事实上，只有当数据的支撑集是全空间的时候，传统的分数匹配方法才能提供对分数函数的相合估计[220]。Song 等人[220]使用对数据加噪的方式解决了上述问题，因为向数据中加入高斯噪声后，数据的支撑集就成了全空间而不再是低维流形，并且添加大量的高斯噪声实质上扩展了分布里的各个众数的范围，使得数据分布里的低密度区得到训练信号。如 2.2 节所述，噪声条件分数网络向数据中添加了不同强度的噪声，然后训练噪声条件分数网络来拟合每一个噪声强度上的样本分数函数。训练好分数神经网络后使用一种退火朗之万动力学（ALD）方法进行采样，即在每个噪声强度上都应用朗之万方法，并且下一个噪声强度上采样的初始样本是上一个朗之万采样的结果。当添加的噪声强度足够强、足够平滑时，噪声条件分数网络的加噪过程就会趋于公式（2.17）定义的 VP-SDE。假设朗之万动力学在每个噪声水平上都能收敛到其平衡状态，那么 ALD 就能得到正确的边际分布，因此可以产生正确的样本。尽管其整体的采样轨迹不是逆向 SDE 的精确解。ALD 被一致退火采样（Consistent Annealed Sampling，CAS）[110]进一步改进，这是一种基于分数的马尔可夫链蒙特卡罗（MCMC）方法，并且具有更好的时间步数和添加噪声的方式。

Song 等人 [225]提出的逆向扩散方法，用与正向 SDE 相同的方式离散逆向 SDE。对于正向 SDE（见公式（2.15））的任何一步离散化，我们可以写出下面的一般形式：

$$x_{i+1} = x_i + f_i(x_i) + g_i z_i, \quad i = 0, 1, \cdots, N-1 \tag{3.2}$$

其中$z_i \sim N(0, I)$，f_i和g_i由 SDE 的漂移和扩散系数和离散化方案决定。逆向扩散方法提出，用与正向 SDE 类似的方式离散化逆向 SDE 方法，即：

$$x_i = x_{i+1} - f_{i+1}(x_{i+1}) + g_{i+1} g_{i+1}^t s_\theta(x_{i+1}, t_{i+1}) + g_{i+1} z_i, \quad i = 0, 1, \cdots, N-1 \tag{3.3}$$

其中$s_\theta(x_{i+1}, t_{i+1})$是经过训练的噪声条件分数模型。逆向扩散方法是公式（2.18）中逆向 SDE 的数值 SDE 求解器，即公式（2.18）的一种特殊的离散方式。这个过程可以应用于任何类型的前向 SDE 中，并且经验结果表明，这种采样器对一种特殊的SDE（称为"VP-SDE"）表现得比 DDPM[225]略好。Song 等人[225]进一步提出了预测-校正方法通过结合数值 SDE 求解器（称为"预测器"）和迭代 MCMC 方法（称为"校正器"）来求解逆向 SDE。在每个时间步骤，预测器-校正器方法首先采用数值 SDE求解器来产生一个相对粗略的样本，然后采用"校正器"使用基于分数的 MCMC 方法对样本的边际分布进行修正。这样产生的样本与逆向 SDE 的解轨迹具有相同的边际分布。也就是说，它们在所有时刻上的分布是相同的。实验结果表明，增加一个基于朗之万蒙特卡罗（Langevin Monte Carlo）的校正器比使用一个额外的预测器而不使用校正器[225]更高效。

Karras 等人[113]进一步改进 Song 等人[225]提出的朗之万动力学（Langevin Dynamics）校正器。他们提出了一个类似朗之万的"搅动"（churn）步骤，用来在采样过程中交替地添加和去除噪声。将朗之万采样法的步骤分为对数据进行加噪和去噪

"搅动"，第一步加噪得到 $\hat{x}_{t+1} = x_t + \sqrt{h}z_t$；第二步去噪得到下一步数据 $x_{t+1} = \hat{x}_{t+1} + \frac{h}{2}\nabla_x \log p(x_t)$。受此启发，Karras 等人提出在生成过程中的每一步先进行正常加噪步骤，然后在去噪的部分使用更高阶的分数函数，从而更好地去噪。具体方法是，只需将 $\nabla_x \log p(x_t)$ 替换为 $\nabla_x \log p(\hat{x}_{t+1})$，然后使用高阶分数函数进行矫正即可。对于高阶分数函数采用了 Heun 方法[5]。最终此方法在 CIFAR-10[128]和 ImageNet-64[47]等数据集上实现了最佳的样本质量。

受统计力学的启发，临界阻尼郎之万扩散（Critically-Damped Langevin Diffusion，CLD）提出了一个带有"速度项"的扩展 SDE，类似于欠阻尼郎之万扩散（Underdamped Langevin Diffusion）。扩展 SDE 的精心设计对 CLD 高效采样和训练起到了关键作用。CLD 对数据 x_0 添加了速度项 v_0。v_0 服从独立的标准高斯分布，然后对耦合数据 (x_0, v_0) 进行扩散，具体扩散方程如下：

$$\mathrm{d}x_t = M^{-1}v_t\beta\mathrm{d}t$$
$$\mathrm{d}v_t = -x_t\beta\mathrm{d}t + -\Gamma M^{-1}v_t\beta\mathrm{d}t + \sqrt{2\Gamma\beta}\mathrm{d}w_t$$

其中非负超参数 M 决定了 x_t 和 v_t 的耦合（强度），β 使得数据分布可以收敛于先验分布，Γ 决定了添加噪声的强度。Γ 和 M 的关系决定了上述 SDE 的收敛方式，其中 $\Gamma^2 = 4M$ 被称为"临界阻尼"（Critical Damping）。CLD 用此临界阻尼朗之万动力学使得 SDE 以最快的方式收敛，避免振荡。原数据与速度的交互作用源自哈密顿力学（Hamiltonian Dynamics），以帮助扩散过程更快速、更光滑地收敛到先验分布，如同哈密顿力学在 MCMC 方法中的作用一样。因为 CLD 只对速度进行了扰动，所以为了得到扩展 SDE 的时间反演，CLD 只要学习速度 v_t 在数据 x_t 下条件分布的得分函数即可。这比直接学习数据的分数函数更容易。因为 CLD 有复杂的漂移系数，所以耦合数据的边缘分布和条件分布无法直接计算，这使得分数匹配和去噪分数匹配都不再适用。为了进行训练，CLD 使用了一种混合分数匹配的目标函数（HSM）：

$$E_{t\sim U[0,T],x_0,u_t}\left[\lambda(t)\left\|\nabla_{v_t}\log q_{0t}(u_t|x_0) - s_\theta(u_t,t)\right\|_2^2\right]$$

其中 $u_t = (x_t, v_t)$，之后 CLD 使用训练的条件分数函数 $s_\theta(u_t, t)$ 进行逆向扩散采样，并设计了一种适用于 CLD 的采样方法。使用训练好的方法，添加的速度项可以提高采样速度和质量，并且训练的复杂度也降低了。

CLD 代码实践

CLD 代码如下：

```
#代码源自：Score-Based Generative Modeling with Critically-Damped Langevin
Diffusion
#计算训练损失
def get_loss_fn(sde, train, config):
#参数
# sde：使用的扩散方程
# train：是否进行训练
# config：训练配置
    def loss_fn(model, x):
    #参数
    # model：分数模型
    # x：一批训练数据
        #建立初始数据
        if sde.is_augmented:
            if config.cld_objective == 'dsm':
                v = torch.randn_like(x, device=x.device) * \
                    np.sqrt(sde.gamma / sde.m_inv)
                batch = torch.cat((x, v), dim=1)
            elif config.cld_objective == 'hsm':
                # 对于 HSM，我们对所有的初始速度进行边缘化
                v = torch.zeros_like(x, device=x.device)
                batch = torch.cat((x, v), dim=1)
            else:
                raise NotImplementedError(
                    'The objective %s for CLD-SGM is not implemented.' %
                    config.cld_objective)
        else:
            batch = x
        t = torch.rand(batch.shape[0], device=batch.device,
            dtype=torch.float64) \ * (1.0 - config.loss_eps) + config.loss_eps
    #获取训练用的加噪数据
    perturbed_data, mean, _, batch_randn = sde.perturb_data(batch, t)
    perturbed_data = perturbed_data.type(torch.float32)
    mean = mean.type(torch.float32)
    #对于 CLD，我们只需要速度部分的噪声来计算损失
    if sde.is_augmented:
        _, batch_randn_v = torch.chunk(batch_randn, 2, dim=1)
        batch_randn = batch_randn_v
    #使用分数模型进行预测
    score_fn = mutils.get_score_fn(config, sde, model, train)
    score = score_fn(perturbed_data, t)
    #损失函数的权重
```

```
    multiplier = sde.loss_multiplier(t).type(torch.float32)
    multiplier = add_dimensions(multiplier, config.is_image)
    #从噪声计算分数函数
    noise_multiplier = sde.noise_multiplier(t).type(torch.float32)
    #计算损失
    if config.weighting == 'reweightedv1':
        loss = (score / noise_multiplier - batch_randn)**2 * multiplier
    elif config.weighting == 'likelihood':
        #使用最大似然训练
        loss = (score - batch_randn * noise_multiplier)**2 * multiplier
    elif config.weighting == 'reweightedv2':
        loss = (score / noise_multiplier - batch_randn)**2
    else:
        raise NotImplementedError(
            'The loss weighting %s is not implemented.' % config.weighting)
    loss = torch.sum(loss.reshape(loss.shape[0], -1), dim=-1)
    if torch.sum(torch.isnan(loss)) > 0:
        raise ValueError(
            'NaN loss during training; if using CLD, consider increasing
            config.numerical_eps')

    return loss
return loss_fn

#基于 sde 的类方法，获取加噪数据
def perturb_data(self, batch, t, var0x=None, var0v=None):
# 参数
# batch：训练数据
# t：训练时间点
# var0x：初始时原数据的方差，一般默认为 0
# var0v：初始时附加的速度的方差，使用 HSM 方法将其设置为γ * M
    #计算条件转移核的期望与方差
    mean, var = self.mean_and_var(batch, t, var0x, var0v)
    cholesky11 = (torch.sqrt(var[0]))
    cholesky21 = (var[1] / cholesky11)
    cholesky22 = (torch.sqrt(var[2] - cholesky21 ** 2.))
    if torch.sum(torch.isnan(cholesky11)) > 0 or
        torch.sum(torch.isnan(cholesky21)) > 0 or
        torch.sum(torch.isnan(cholesky22)) > 0:
        raise ValueError('Numerical precision error.')
    #使用重参数化技巧，对加入的噪声采样
    batch_randn = torch.randn_like(batch, device=batch.device)
    batch_randn_x, batch_randn_v = torch.chunk(batch_randn, 2, dim=1)
    noise_x = cholesky11 * batch_randn_x
    noise_v = cholesky21 * batch_randn_x + cholesky22 * batch_randn_v
    noise = torch.cat((noise_x, noise_v), dim=1)
```

```
#计算加噪数据
perturbed_data = mean + noise
```

Jolicoeur-Martineau 等人[109]开发了一个具有自适应步长的 SDE 求解器，以加快生成速度。直观上使用高阶的数值求解器来求解逆向 SDE（见公式（2.18））可以减小对连续轨迹进行离散化而导致的误差。因为高阶的求解器可以捕捉到解轨迹的局部变异。但是实验发现直接使用高阶求解器有可能使采样效率下降，因为虽然离散化误差降低了，但是高阶求解器需要计算高阶的分数函数，而高阶算法提高的精确度往往不值得付出高阶分数函数的计算成本。低阶的数值求解器往往更快但是效果较差，所以我们的目标是能够动态地平衡二者，如果低阶求解器能够产生较准确的数据，那么就使用低阶求解器进行运算，否则就使用高阶求解器。然后根据当前样本的稳定性来动态调整步长。步长是通过比较高阶 SDE 求解器的输出和低阶 SDE 求解器的输出控制的。在每个时刻，高阶和低阶求解器分别从先前的样本 x'_{prev} 中产生新的样本 x'_{high} 和 x'_{low}。然后通过比较新生成的两个样本之间的差异来调整步长。如果 x'_{high} 和 x'_{low} 比较相似，那么算法将返回 x'_{high} 并增加步长。x'_{high} 和 x'_{low} 的相似性是通过以下公式度量的：

$$E_q = \left\| \frac{x'_{low} - x'_{high}}{\delta(x'_{low}, x'_{prev})} \right\|^2 \tag{3.4}$$

其中 $\delta(x'_{low}, x'_{prev}) = \max(\epsilon_{abs}, \epsilon_{rel} \max(|x'_{low}|, |x'_{prev}|))$。$\epsilon_{abs}$ 和 ϵ_{rel} 是超参数，分别被称为"绝对容忍度"和"相对容忍度"。如果 $E_q \leqslant 1$，那么就选择 x'_{high} 作为本步的样本，然后更新原步长 h 为 $\min(t - h, \theta h E_q^{-r})$。其中非负超参数 θ 和 r 是决定增加步长强度的超参数。实验发现此方法可以加快采样速度，并且保持甚至提高生成样本的质量。

3.2.2　ODE 求解器

大量关于扩散模型高效采样的工作都是基于改进第 2.3 节中介绍的概率流 ODE（见公式（2.19））的求解方式完成的。与 SDE 求解器不同的是，ODE 求解器的轨迹是确定的，因此不受随机波动的影响。这种确定性的 ODE 求解器的收敛速度通常比随机性的 SDE 求解器的收敛速度更快，但代价是样本质量稍差。

去噪扩散隐式模型（Denoising Diffusion Implicit Model，DDIM）[217]可完成早期的加速扩散模型采样的工作。其最初的动机是将原来的 DDPM 扩展到非马尔可夫链的情况下，它的前向扩散过程是如下定义的马尔可夫链：

$$q(x_1, \cdots, x_T | x_0) = \prod_1^T q(x_t | x_{t-1}, x_0) \tag{3.5}$$

$$q_\sigma(x_{t-1} | x_t, x_0) = N(x_{t-1} | \tilde{\mu}(x_t, x_0), \sigma_t^2 I) \tag{3.6}$$

$$\tilde{\mu}(x_t, x_0) = \sqrt{\bar{\alpha}_t} x_0 + \sqrt{1 - \bar{\alpha}_t - \sigma_t^2} \frac{x_t - \sqrt{\bar{\alpha}_t} x_0}{\sqrt{1 - \bar{\alpha}_t}} \tag{3.7}$$

公式（3.5）到公式（3.7）的参数化方式描述了更一般的随机过程，包含 DDPM 和 DDIM 作为其特殊情况，其中 DDPM 对应于设置 $\sigma_t^2 = \frac{\bar{\beta}_{t-1}}{\bar{\beta}_t} \beta_t$，DDIM 对应于设置 $\sigma_t^2 = 0$。这样设置前向马尔可夫链的理由是它可以产生与 DDPM 相同的边际分布，使其可以用与 DDPM 相同的方式来训练逆向过程。DDIM 通过训练一个条件噪声网络 ϵ_θ 来预测噪声，并通过边缘分布计算出预测的 $\widetilde{x_{0\theta}} = (x_t - \sqrt{1 - \alpha_t} \epsilon_\theta(x_t, t)) / \sqrt{\alpha_t}$。将 $\widetilde{x_{0\theta}}(x_t)$、$x_t$ 插入公式（3.6）中就得到了对 x_{t-1} 的预测。迭代这个步骤就得到了 DDIM 的采样过程。DDIM 使用前向过程和后向过程的 KL 散度作为训练目标函数，并且证明了这个目标函数等价于 DDPM 的目标函数。另外，为了得到更好的 DDIM 效果可以将 σ_t^2 设置为零，也就是进行确定性采样。在后续研究[113, 146, 203, 217]中，DDIM 采样过程相当于是概率流 ODE 的一个特殊离散化方案（数值求解算法）。为了进一步加速采样过程，DDIM 还提出了一种"跳步"的方法，即仅在原始时间点的一个子集上进行前向加噪过程和后向去噪过程，如图 3-1 所示。实验表明 DDIM 可以进行高效的采样，并且因为其使用确定性的采样过程，从而使得其可以对样本进行有语义的内插。

图 3-1　马尔可夫扩散过程（左）和非马尔可夫扩散过程（右）

广义去噪扩散隐式模型（generalized Denoising Diffusion Implicit Model，gDDIM）[278]在狄拉克分布上（仅包含一个点的分布）分析了 DDIM 的性质。gDDIM 对 DDIM 的

高效采样进行了解释，并提出了在采样速度方面，确定性采样相比于随机性采样的优势。并受此启发改进了分数网络参数化方式，使更普遍的扩散过程可以进行确定性采样，如 CLD[54]。gDDIM 的作者首先观察并证明了，对于只包含一个点的狄拉克分布，确定性 DDIM 可以在有限步甚至一步计算中完美地还原原始分布。而对于一般的 ODE 或者 SDE 求解器，则是对解的轨迹进行了离散化，理论上需要无穷步的迭代计算才可以复原原始数据分布。此外，对于狄拉克分布，我们只需要一次分数函数的计算就可以根据公式推导出其他时间点的分数函数，并且这个公式和 DDIM 的离散采样方式是匹配的。这就解释了 DDIM 在狄拉克分布上确定性采样和离散方式的优势。另外，基于流形假设（现实世界的图像分布于低维流形上），上述分析对现实数据集也适用。在上述分析的基础上，gDDIM 的作者提出了类似于 DDIM 的一种对分数函数的参数化方式，使得 DDIM 的优势可以展现在其他的扩散模型如 CLD[54]中。

扩散模型的伪数值方法（Pseudo Numerical Methods for Diffusion Model，PNDM）[142]是指使用一种伪数值方法来生成在 R^n 中特定流形的样本。使用带有非线性传递部分的数值解算器来解决流形上的微分方程，然后生成样本，或将 DDIM 封装为一个特例。Liu 等人[142]首先分析了传统 SDE 和 ODE 求解器的缺陷，它们在高速采样时会引入显著的噪声，并且会从远离样本主要分布的区域（基于流形假设）进行采样，致使采样的效果较差。所以 Liu 等人提出应该将生成器看作在流形上求解微分方程。Liu 等人分析了传统数值求解方法并将其分为两部分：第一部分称为"梯度部分"（Gradient Part），用来计算每一步的梯度；第二部分称为"变换部分"（Transfer Part），用来生成下一步的数据。新方法与经典的数值求解方法的梯度部分有所不同，但两种方法都使用了线性的变换部分。为了使每一步生成的样本更接近于原始样本存在的流形，Liu 等人提出了使用非线性变换部分的伪数值方法，在这种非线性变换部分保证如果使用估计准确的分数函数，那么生成的下一步数据也是准确的。而 DDIM 是其中的一个特例。基于 DDIM，Liu 等人使用其他（高阶）梯度部分与非线性变换部分进行组合，如线性多步方法（Linear Multi-Step Method）和龙格-库塔方法（Runge-Kutta Method）。实验结果表明，使用非线性变换部分和高阶梯度部分的伪数值求解器，可以显著减少采样步数并产生高质量样本。

PNDM 代码实践

PNDM 代码如下：

```
#代码源自: Pseudo Numerical Methods for Diffusion Models on Manifolds (PNDM,
PLMS | ICLR2022)
#在 PNDM 中，使用一阶的非线性变换部分，得到 DDIM
def gen_order_1(img, t, t_next, model, alphas_cump, ets):
#参数
# img: 上一步采样的数据
# t: 本次采样时间点
# t_next: 下一步采样的时间点
# model: 分数模型
# alphas_cump: 边缘噪声强度ᾱ_t
# ets: 噪声
    noise = model(img, t)
    #进行变换
    img_next = transfer(img, t, t_next, noise, alphas_cump)
    return img_next
#变换部分
def transfer(x, t, t_next, et, alphas_cump):
    at = alphas_cump[t.long()].view(-1, 1, 1, 1)
    at_next = alphas_cump[t_next.long()].view(-1, 1, 1, 1)
    x_delta = (at_next - at) * ((1 / (at.sqrt() * (at.sqrt() + at_next.sqrt())))) \
        * x - \
        1 / (at.sqrt() * (((1 - at_next) * at).sqrt() + ((1 - at) *
            at_next).sqrt())) * et)
    x_next = x + x_delta
    return x_next

#使用高阶的梯度部分
def gen_order_4(img, t, t_next, model, alphas_cump, ets):
    #使用龙格-库塔方法需要多个时间点来计算高阶梯度
    t_list = [t, (t+t_next)/2, t_next]
    if len(ets) > 2:
        noise_ = model(img, t)
        ets.append(noise_)
        #当有前三步生成的时候，使用线性多步方法计算分数函数
        noise = (1 / 24) * (55 * ets[-1] - 59 * ets[-2] + 37 * ets[-3] - 9
            * ets[-4])
    else:#否则使用高阶的龙格-库塔方法计算分数函数
        noise = runge_kutta(img, t_list, model, alphas_cump, ets)
    #使用和 DDIM 相同的变换部分
    img_next = transfer(img, t, t_next, noise, alphas_cump)
    return img_next
```

通过大量的实验调查，Karras 等人 [113]表明 Heun 的二阶方法[5]在采样质量和采样速度之间提供了一个很好的平衡。扩散模型的求解器可以视为数值求解 SDE（见公式（2.15））或 ODE（见公式（2.19））。传统的方法是使用低阶数值求解器如欧拉法，但低阶方法可能会导致较大的离散化误差，并且在迭代过程中进行累积。而使用高阶数值求解器则可以获得较小的离散化误差，即在迭代公式中包含分数函数的高阶导数。使用高阶导数可以捕捉到解轨迹的局部曲率，进而得到更好的近似，但代价是每个时刻需要对所学的分数函数进行额外的计算，以求得分数函数的高阶导数。通过大量探索和实验，Karras 等人发现 Heun 的二阶方法以较少的采样步骤产生了与使用欧拉法相当的甚至更好的样本。从算法上来看，该方法在逆向方差大于 0 时多调用了一次分数函数，以此来调整预测。这多一次的调用确认了$O(h^3)$的局部误差，欧拉法的局部误差为$O(h^2)$，其中 h 是步长。Karras 等人还进一步讨论了对离散时刻的选取。

扩散指数积分采样器（Diffusion Exponential Integrator Sampler，DEIS）[277]和 DPM-Solver[146]利用概率流 ODE 的半线性结构，通过数学推导的方式简化了需要求解的方程，开发出更高效的高阶 ODE 求解器。具体方法是，概率流 ODE（见公式（2.19））的解可以写成如下积分方程：

$$x_t = e^{\int_s^t f(\tau)\mathrm{d}\tau} x_s + \int_s^t e^{\int_\tau^t f(r)\mathrm{d}r} \frac{g^2(\tau)}{2\sigma_\tau} \epsilon_\theta(x_\tau, \tau)\mathrm{d}\tau$$

其中插入了预测的分数函数$s_\theta = -\epsilon_\theta \backslash \sigma_t$。如果$f(t)$的形式比较简单，那么该方程的线性部分具有解析形式，即x_s前的系数可以直接计算。而非线性部分，即上式的第二项，可以用类似于 ODE 求解器中的指数积分技术来解决。DPM-Solver 使用换元法简化上式：

$$x_t = \frac{\alpha_t}{\alpha_s} x_s - \alpha_t \int_{\lambda_s}^{\lambda_t} e^{-\lambda} \hat{\epsilon}_\theta(x_\lambda, \lambda)\mathrm{d}\lambda$$

其中$\lambda_t = \log(\alpha_t \backslash \sigma_t)$可以设计为关于 t 单调下降，因为前向过程中保留的信息越来越少，噪声越来越大。进一步对$\hat{\epsilon}_\theta$关于时间λ进行泰勒展开，展开式中多项式部分的积分可以解析计算，而分数函数的高阶导数可以用低阶分数函数近似，这样便得到了高阶数值求解器。该方法包含 DDIM 作为其一阶近似。当使用高阶的积分器时，可以在短短 10~20 次迭代中产生高质量的样本，这远远少于扩散模型通常所需的数百次迭代。

3.3　基于学习的采样

基于学习的采样是改善扩散模型采样效率的另一种有效方法。通过使用部分采样步骤或训练一个采样器的方式，实现更快的采样速度，但代价是采样质量的轻微降低。与使用手工调试的确定性采样方法不同，基于学习的采样通常涉及通过优化某些学习目标来选择采样步骤。

3.3.1　离散方式

给定一个预训练的扩散模型，Watson 等人[243]提出了一个策略来寻找在给定采样步数时最佳的离散化方案。他们的方案是选择最佳的 K 个时间步骤以最大化 DDPM 的训练目标。使用这种方法的关键是观察到 DDPM 目标可以分解为单个 KL 散度损失项的总和，其适合使用动态规划方法来优化。假设在原始扩散模型的 N 个采样时间点中给定了 K 个时间点 $\{t_1', t_2', \cdots, t_K'\}$，并且 K 远小于 N，那么原始 DDPM 的训练目标可以拆分为：

$$-L_{\mathrm{ELBO}} = E_q D_{\mathrm{KL}}\big(q(x_1|x_0)||p_\theta(x_1)\big) + \sum_{i=1}^{K} L(t_i', t_{i-1}'),$$

其中

$$L(t,s) = \begin{cases} -E_q \log p_\theta(x_t|x_0) & s = 0 \\ E_q D_{\mathrm{KL}}(q(x_s|x_t,x_0)||p_\theta(x_s|x_t)) & s > 0 \end{cases}$$

对于训练好的扩散模型 $L(t,s)$ 可以直接计算出来。剩下的任务就是如何选择这 K 个时间点，使得 VLB 最大。这个问题可以使用动态规划解决，因为任意两个时间点 t、s 的 $L(t,s)$ 都可以计算。然而众所周知，用于 DDPM 训练的变分下界与样本质量没有直接关系[232]，一些研究发现直接以 VLB 为目标函数优化采样器，会让用于评价生成图片质量的 FID（Fréchet Inception Distance）的评分变差，特别是当采样步骤很少的时候[243,219]。

随后的一项工作，可微扩散采样搜索（Differentiable Diffusion Sampler Search，DDSS）[242]可以通过直接优化样本质量的通用指标 KID（Kernel Inception Distance）[15]

来解决这个问题。这种优化在重参数化[123, 195]的帮助下是可行的。Watson 等人[242]考察并推广了一系列扩散模型的参数，使这些参数可以使用深度神经网络进行学习，比如 DDIM 采样器的超参数σ_t^2、DDPM 中前向扩散的边际方差$\bar{\alpha}_t$、采样的时间点，还有文章[242]中定义的一种非马尔可夫采样过程。然后 Watson 等人研究了如何优化一个可以用来改善样本质量的目标函数。为了提高样本质量，Watson 等人提出可以使用 KID 的类似于蒙特卡罗模拟的无偏估计作为目标函数，使得目标函数可以进行微分和梯度传播。因为采样过程是逆向扩散过程，每一步采样都可以使用重参数化的方法进行采样，这样梯度就可以顺利地进行传播了。此方法广泛适用于各种扩散模型及其参数，并可以在采样步数较少的情况下改善生成样本的质量。在此基础上，该研究还提出了一类新的扩散模型范式，广义高斯扩散模型（Generalized Gaussian Diffusion Model，GGDM)，如图 3-2 所示。GGDM 在每一个逆向过程中结合了之前所有的结果，所以 DDIM 可以视为该范式的一种特例。

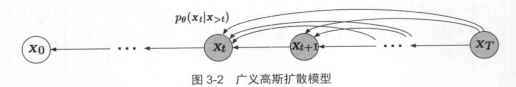

图 3-2　广义高斯扩散模型

基于截断泰勒法（Truncated Taylor Method），Dockhorn 等人[55]提出了一个二阶的数值求解器，通过在一阶得分网络的基础上训练一个额外的头来计算高阶分数函数，并在采样中使用高阶分数函数加速采样。使用高阶求解器来求解 ODE 能够获得更精确的结果，因为高阶求解器可以捕捉到 ODE 的局部曲率，这使得高阶求解器即使在时间步长较大时也能生成较好的样本。Dockhorn 等人提出使用二阶截断泰勒法来求解概率流 ODE。与原始的 ODE 求解器如 DDIM 的不同点在于，它在每一步迭代中需要估计和使用分数函数的导数$\nabla_x \nabla_x \log q_t(\boldsymbol{x})$。给定预训练的分数函数$s_\theta(\boldsymbol{x}_t, t)$，我们可以对其使用自动微分，再求出二阶分数函数的近似，但这会使得采样过程多了一倍的计算。因为我们不仅需要一个前向传播计算$s_\theta(\boldsymbol{x}_t, t)$，还需要一个反向传播计算梯度。所以 Dockhorn 等人提出在训练过程中就计算好二阶分数函数，在训练分数函数的神经网络上加一个小的、额外的头来预测二阶分数函数。这比重新训练一个神经网络来预测二阶分数函数更高效。实验结果表明此方法允许较大的时间步长，从而加速了采样过程。

3.3.2　截断扩散

我们可以通过截断正向和反向扩散过程来提高采样速度[156, 284]。关键的步骤是在早期停止正向扩散过程，只进行几步的正向扩散使样本分布趋于一个非高斯的先验分布 q，然后用这个非高斯分布 q 作为初始分布开始反向去噪过程。这种分布的样本的生成过程为：先通过预先训练好的生成模型从简单先验分布产生服从非高斯分布 q 的样本，如使用 VAE[123, 195]或 GAN[73]的生成器，然后对生成的样本进一步去噪，最终得到近似服从原始数据分布的样本。这样需要的去噪步骤就减小了，同时样本质量也得以保证。早期停止（early stop）DDPM[156]提出使用 VAE 来拟合分布 q。该方法指使用 DDPM 的前向过程对原始样本进行较少次数的加噪，同时将原始样本嵌入非高斯分布 q 的潜在变量 z。其逆向过程首先通过解码器从高斯分布生成服从 q 分布的样本 $\hat{z}$，然后再使用 DDPM 的去噪过程对 z 进行去噪，得到最终的样本。其目标函数结合了 VAE 的目标函数和 DDPM 的目标函数，并进行共同训练。

截断扩散概率模型（Truncated Diffusion Probabilistic Model，TDPM）[284]使用 GAN 来拟合分布 q。DDPM 的目标函数可以分解为以下的项：

$$E_q[D_{\mathrm{KL}}(q(\boldsymbol{x}_T|\boldsymbol{x}_0)||p(\boldsymbol{x}_t)) + \sum_{t>1} D_{\mathrm{KL}}\left(q(\boldsymbol{x}_{t-1}|\boldsymbol{x}_t,\boldsymbol{x}_0)||p_\theta(\boldsymbol{x}_{t-1}|\boldsymbol{x}_t)\right) - \log p_\theta(\boldsymbol{x}_0|\boldsymbol{x}_1)]$$

经典的扩散模型认为 $D_{\mathrm{KL}}(q(\boldsymbol{x}_T|\boldsymbol{x}_0)||p(\boldsymbol{x}_t))$ 近似于 0，因为其加噪过程保证 $q(\boldsymbol{x}_T|\boldsymbol{x}_0)$ 近似于标准高斯分布 $p(\boldsymbol{x}_T)$。但在截断扩散中因为前向加噪次数较少，$p(\boldsymbol{x}_T)$ 不再是标准高斯分布，而是可学习的非高斯分布 $p_\theta(\boldsymbol{x}_T)$，所以 TDPM 可以使用 GAN 来拟合 $p_\theta(\boldsymbol{x}_T)$ 并优化 L_T。使用 GAN 的生成器对 $p_\theta(\boldsymbol{x}_T)$ 建模，然后使用 GAN 的训练方法让 $p_\theta(\boldsymbol{x}_T)$ 匹配 $q(\boldsymbol{x}_T|\boldsymbol{x}_0)$，从而最小化 L_T。实验表明该方法可以大大减小扩散过程的步数，同时保证生成样本的质量。

TDPM 代码实践

TDPM 代码如下：

```
#代码源自，TDPM: Truncated Diffusion Probabilistic Models
#基于 Gaussian 类的方法训练 TDPM
```

```python
def train(self):
    #初始化训练数据和分数模型
    args, config = self.args, self.config
    tb_logger = self.config.tb_logger
    dataset, test_dataset = get_dataset(args, config)
    train_loader = data.DataLoader(
        dataset,
        batch_size=config.training.batch_size,
        shuffle=True,
        num_workers=config.data.num_workers,
        drop_last=True,
    )
    model = Model(config)
    #初始化 GAN 的判别器
    discriminator = Discriminator(c_dim=0,
                                  img_resolution=config.data.image_size,
                                  img_channels=config.data.channels,
                                  channel_base=config.discriminator.
                                  channel_base)
    model = model.to(self.device)
    model = torch.nn.DataParallel(model)
    discriminator = discriminator.to(self.device)
    discriminator = torch.nn.DataParallel(discriminator)
    d_criterion = nn.BCEWithLogitsLoss()

    optimizer = get_optimizer(self.config, model.parameters())
    optimizer_d = get_d_optimizer(self.config,
                                  discriminator.parameters())
    optimizer_g = get_g_optimizer(self.config, model.parameters())
    #是否使用滑动平均更新参数
    if self.config.model.ema:
        ema_helper = EMAHelper(mu=self.config.model.ema_rate)
        ema_helper.register(model)
    else:
        ema_helper = None
    start_epoch, step = 0, 0
    #在上次记录处载入数据，继续训练
    if self.args.resume_training:
        states = torch.load(os.path.join(self.args.log_path, "ckpt.pth"))
        model.load_state_dict(states[0])
        states[1]["param_groups"][0]["eps"] = self.config.optim.eps
        optimizer.load_state_dict(states[1])
        start_epoch = states[2]
        step = states[3]
        if self.config.model.ema:
            ema_helper.load_state_dict(states[4])
```

```
#开始训练
for epoch in range(start_epoch, self.config.training.n_epochs):
    epoch_start_time = data_start = time.time()
    data_time = 0
    for i, (x, y) in enumerate(train_loader):
        n = x.size(0)
        data_time += time.time() - data_start
        model.train()
        step += 1
        x = x.to(self.device)
        x = data_transform(self.config, x)  #数据预处理
        e = torch.randn_like(x)  #噪声
        b = self.betas  #加噪进行
        #获得加噪数据，truncated_timestep 决定采样时间点的上界，上界小则采样
        步骤少、速度快
        t = torch.randint(low=0, high=self.truncated_timestep,
            size=(n // 2 + 1,)
            ).to(self.device)
        t = torch.cat([t, self.truncated_timestep - t - 1], dim=0)[:n]
        t_max = torch.tensor([self.truncated_timestep]).
            to(self.device)
        #获得预测噪声的损失，如一般的扩散模型
        loss = loss_registry[config.model.type](model, x, t, e, b)
        #反向传播，更新参数
        optimizer.zero_grad()
        loss.backward()
        try:
            torch.nn.utils.clip_grad_norm_(
                model.parameters(), config.optim.grad_clip
            )
        except Exception:
            pass
        optimizer.step()
        if self.config.model.ema:
            ema_helper.update(model)
        #计算截断扩散的损失来更新分数模型
        #获得标准高斯噪声
        z_si = torch.randn_like(x).to(self.device)
        #在生成器输入噪声，输出预测的 x_T
        x_gen_prime_implicit = model(z_si, t_max)
        #获得判别器的分类结果并计算损失。此处只更新生成器，所以只需计算生成样本
        的判别损失
        x_fake_logits = discriminator(x_gen_prime_implicit, c=0)
        loss_T = torch.nn.functional.softplus(-x_fake_logits).mean()
        tb_logger.add_scalar("implicit loss", loss_T,
                             global_step=step)
```

```python
tb_logger.add_scalar("loss", loss, global_step=step)
logging.info(
    f"Epoch: {epoch}, step: {step}, loss: {loss.item()},
        implicit loss:
        {loss_T.item()}, data time: {data_time / (i+1)}"
)
#更新分数模型的权重
optimizer_g.zero_grad()
loss_T.backward()
optimizer_g.step()

#训练判别器
do_Dr1 = (i % self.Dreg_interval == 0)
#获得真实数据和生成数据
z_si = torch.randn_like(x).to(self.device)
x_t_implicit = q_sample(x, self.alphas_bar_sqrt,
    self.one_minus_alphas_bar_sqrt,
    t_max).detach().requires_grad_(do_Dr1)
x_t_gen_implicit = model(z_si, t_max)
#真实数据的判别损失
real_logits = discriminator(x_t_implicit, c=0)
loss_Dreal =
    torch.nn.functional.softplus(-real_logits).mean()
tb_logger.add_scalar("Dloss/Dreal", loss_Dreal,
    global_step=step)
#生成数据的判别损失
gen_logits = discriminator(x_t_gen_implicit, c=0)
loss_Dgen = torch.nn.functional.softplus(gen_logits).mean()
tb_logger.add_scalar("Dloss/Dgen", loss_Dgen,
    global_step=step)

loss_Dr1 = 0
if do_Dr1:
#对真实数据的梯度做正则化
    with torch.autograd.profiler.record_function('r1_grads'),
        conv2d_gradfix.no_weight_gradients():
        r1_grads = torch.autograd.grad(outputs=
            [real_logits.sum()],
            inputs=[x_t_implicit], create_graph=True
            only_inputs=True)[0]
    r1_penalty = r1_grads.square().sum([1,2,3])
    loss_Dr1 = (r1_penalty * (self.r1_gamma / 2)).mean()
    tb_logger.add_scalar('DLoss/r1_penalty',
        r1_penalty.mean())
    tb_logger.add_scalar('DLoss/reg', loss_Dr1)
```

```
d_loss = loss_Dreal + loss_Dgen + loss_Dr1
#更新判别器的参数
optimizer_d.zero_grad()
d_loss.backward()
optimizer_d.step()
#保存和输出
if step % self.config.training.snapshot_freq == 0 or step == 1:
    states = [
        model.state_dict(),
        optimizer.state_dict(),
        optimizer_d.state_dict(),
        epoch,
        step,
    ]
    if self.config.model.ema:
        states.append(ema_helper.state_dict())
    torch.save(
        states,
        os.path.join(self.args.log_path,
                    "ckpt_{}.pth".format(step)),
    )
    torch.save(states, os.path.join(self.args.log_path,
                                    "ckpt.pth"))
    data_start = time.time()
logging.info(
    f"Epoch: {epoch}, epoch training time: {time.time() -
    epoch_start_time}"
)
```

3.3.3　知识蒸馏

知识蒸馏（Knowledge Distillation）是一种机器学习技术，它的目的是通过将一个大型、复杂的模型的知识传递给一个小型、简单的模型来提高后者的性能。知识蒸馏的基本思想是利用已经训练好的模型的知识来辅助训练新模型，从而加快模型的训练过程、提高模型的泛化能力和性能。在知识蒸馏中，通常有一个称为"教师模型"的大型模型和一个称为"学生模型"的小型模型。教师模型的任务是对输入进行分类或生成输出，例如，进行图像分类、语音识别、机器翻译等任务。学生模型的任务是尽可能准确地模拟教师模型的行为，并对输入进行相同的分类或生成输出。通过将教师模型的知识转移到学生模型中，学生模型可以在保持高准确率的同时减少模型大小，降低计算成本。

知识蒸馏的基本过程如下：

1. 首先，使用教师模型对训练集进行预测，并将预测结果作为"软标签"或"伪标签"来训练学生模型。软标签通常是由教师模型输出的概率分布决定的，而不是单一的类别标签决定的。

2. 接下来，使用学生模型对训练集进行训练，使其尽可能地拟合软标签。

3. 最后，在测试集上评估学生模型的性能，以确定其是否可以准确地模拟教师模型的行为。

知识蒸馏可以应用于各种机器学习任务中，包括图像分类、语音识别、自然语言处理等。它已经被证明可以提高小型模型的性能，并帮助深度学习模型在移动设备等资源受限的环境下实现高性能。

使用知识蒸馏的方法[148, 203]可以显著提高扩散模型的采样速度。具体来说，在渐进蒸馏（Progressive Distillation）[203]中，Salimans 等人提出将使用整个采样过程的原始采样器蒸馏成一个只需要一半步骤的、更快的采样器，如图 3-3 所示。通过将新的采样器参数化为一个深度神经网络，渐进蒸馏能够训练新模型的采样器以匹配原始采样器的输入和输出。Salimans 等人采用了概率流 ODE 的视角，预训练的扩散模型采用确定性的迭代采样来生成样本。这种预训练的扩散模型称为"教师模型"。教师模型有 T 步的采样步数，每次迭代教师模型输入 x_t 并输出 x_{t-1}。渐进蒸馏提出训练一个学生模型，使其在迭代生成过程中的每一步接收 x_t，然后输出 x'_{t-2}，也就是说学生模型的一次计算等价于教师模型进行了两步计算，这样就减少了一半的采样步数。为了保证生成样本的质量，学生模型需要向教师模型学习。学生模型与教师模型采用同样的框架，保证学生模型进行一次计算所需资源与教师模型所需资源相同，然后通过优化教师模型两步计算结果 x_{t-2} 和学生模型一次计算结果 x'_{t-2} 的 L_2 损失，使学生模型匹配教师模型。如果教师模型能够较准确地求解概率流 ODE，那么经过足够多训练的学生模型也可以生成较高质量的样本。重复这个过程可以进一步减少采样步骤，而减少采样步骤会导致采样质量下降。Salimans 等人认为这是源于在扩散步数较少时，分数函数的预测误差会被放大。为了解决这个问题，Salimans 等人提出了扩散模型的新参数化方式和目标函数新的加权方案。实验表明，此方法可以将扩散模型的步数压缩到十位数甚至个位数，而生成的图片质量没有明显下降。

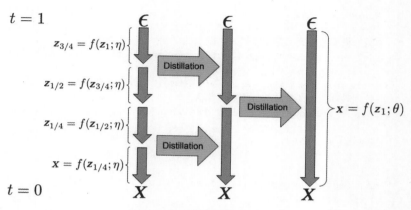

$t = 1$

$z_{3/4} = f(z_1; \eta)$

$z_{1/2} = f(z_{3/4}; \eta)$

$z_{1/4} = f(z_{1/2}; \eta)$

$x = f(z_{1/4}; \eta)$

$t = 0$

$x = f(z_1; \theta)$

图 3-3　渐进蒸馏示意图

Progressive Distillation 代码实践

Progressive Distillation 代码如下：

```
#代码源自: PyTorch Implementation of "Progressive Distillation for Fast
Sampling of Diffusion Models(v-diffusion)
#计算蒸馏训练损失的类方法
    def train_student(self, distill_train_loader, teacher_diffusion,
                      student_diffusion, student_ema,
                      student_lr, device, make_extra_args=make_none_args,
                      on_iter=default_iter_callback):
#参数
# distill_train_loader: 训练数据集
# teacher_diffusion: 教师模型
# student_diffusion: 学生模型
# student_ema: 学生模型训练的滑动平均
# student_lr: 学生模型的学习率
# device: cuda
    #训练初始化
    scheduler = self.scheduler
    total_steps = len(distill_train_loader)
    scheduler.init(student_diffusion, student_lr, total_steps)
    teacher_diffusion.net_.eval()
    student_diffusion.net_.train()
    print(f"Distillation...")
    pbar = tqdm(distill_train_loader)
    N = 0
    L_tot = 0
    for img, label in pbar:
```

```
            scheduler.zero_grad()
            img = img.to(device)
            #教师模型的时间点是学生模型时间点的 2 倍
            time = 2 * torch.randint(0, student_diffusion.num_timesteps,
                (img.shape[0],),device=device)
            extra_args = make_extra_args(img, label, device)
            #使用教师模型的类方法计算训练损失
            loss = teacher_diffusion.distill_loss(student_diffusion, img,
                time, extra_args)
            L = loss.item()
            L_tot += L
            N += 1
            pbar.set_description(f"Loss: {L_tot / N}")
            loss.backward()
            scheduler.step()
            moving_average(student_diffusion.net_, student_ema)
            if scheduler.stop(N, total_steps):
                break
            on_iter(N, loss.item())
        on_iter(N, loss.item(), last=True)
```

```
#计算训练损失。此处的 ground truth 选择为渐进蒸馏中推荐的"速度"
def distill_loss(self, student_diffusion, x, t, extra_args, eps=None,
student_device=None):
# 参数
# student_diffusion: 学生模型
# x: 原始图片数据
# t: 训练时间点
# eps: 标准高斯噪声
        if eps is None:
            eps = torch.randn_like(x)
        #不训练教师模型
        with torch.no_grad():
            #获取教师模型时间 t 处的加噪数据
            alpha, sigma = self.get_alpha_sigma(x, t + 1)
            z = alpha * x + sigma * eps
            #获取学生模型时间 t/2 处的加噪数据，用于计算预测目标 v
            alpha_s, sigma_s = student_diffusion.get_alpha_sigma(x, t // 2)
            alpha_1, sigma_1 = self.get_alpha_sigma(x, t)
            #计算教师模型的第一步预测
            v = self.inference(z.float(), t.float() + 1, extra_args).double()
            rec = (alpha * z - sigma * v).clip(-1, 1)
            z_1 = alpha_1 * rec + (sigma_1 / sigma) * (z - alpha * rec)
            #计算教师模型的第二步预测
            v_1 = self.inference(z_1.float(), t.float(),
                extra_args).double()
```

```
    x_2 = (alpha_1 * z_1 - sigma_1 * v_1).clip(-1, 1)
    eps_2 = (z - alpha_s * x_2) / sigma_s
    v_2 = alpha_s * eps_2 - sigma_s * x_2
    #损失的权重
    if self.gamma == 0:
        w = 1
    else:
        w = torch.pow(1 + alpha_s / sigma_s, self.gamma)
#计算学生模型的一次预测
v = student_diffusion.net_(z.float(), t.float() * self.time_scale,
    **extra_args)
my_rec = (alpha_s * z - sigma_s * v).clip(-1, 1)`
#返回教师模型两步预测和学生模型一次预测的损失
return F.mse_loss(w * v.float(), w * v_2.float())
```

第 4 章

扩散模型的似然最大化

如第 2.1 节所述，扩散模型的训练目标是负的对数似然的一个变分下界（VLB）。然而，这个下界在很多情况下可能并不严格[121]，导致扩散模型的对数似然有可能不理想。在本节中，我们总结并调查最近关于扩散模型的似然最大化的工作。首先我们介绍似然函数最大化的意义，然后重点讨论 3 种类型的方法：噪声调度优化、逆向方差学习和精确的对数似然估计。需要注意的是，目前扩散模型的似然提高方法是通过改善负对数似然的 VLB 实现的，不能像归一化流（Normalizing Flow）那样直接改善似然函数值。

4.1　似然函数最大化

在生成模型中，我们认为真实世界的一个个数据是某个随机变量一个一个实现的。为了生成趋于真实的数据，我们希望能够学习到真实数据的分布 q，然后通过模拟这个分布来生成新样本。所以我们会建立深度学习模型来对分布 q 进行参数化和学习。似然函数指的是，数据点在模型中的概率密度函数值即 $p(\boldsymbol{x}, \boldsymbol{\theta})$ 所组成的函数，其中 $\boldsymbol{x}$ 是数据点，$\boldsymbol{\theta}$ 是参数，$p(\cdot, \boldsymbol{\theta})$ 是模型在参数 $\boldsymbol{\theta}$ 下的生成样本的分布。

我们先介绍统计学中极大似然估计方法。假设观测到了包含 N 个独立样本的数据集 $\{\boldsymbol{x}_1, \boldsymbol{x}_2, \cdots, \boldsymbol{x}_N\}$，那么这 N 个样本的似然函数就是 $L_{\boldsymbol{\theta}} = \prod_{i=1}^{N} p(\boldsymbol{x}_i, \boldsymbol{\theta})$。似然函数是一个关于模型参数 $\boldsymbol{\theta}$ 的函数，当选择不同的参数 $\boldsymbol{\theta}$ 时，似然函数的值是不同的，它描述了在当前参数 $\boldsymbol{\theta}$ 下，使用模型分布 $p(\boldsymbol{x}, \boldsymbol{\theta})$ 产生数据集中所有样本的概率。一个朴素的想法是，在最好的模型参数 $\boldsymbol{\theta}_{\mathrm{ML}}$ 下，产生数据集中的所有样本的概率是最大的，即 $\boldsymbol{\theta}_{\mathrm{ML}} \in \mathrm{argmax}\, L_{\boldsymbol{\theta}}$。但在计算机中，多个概率的乘积结果并不方便计算和储存，例如，在计算过程中可能发生数值下溢的问题，即对比较小的、接近于 0 的数进行四舍五入后成为 0。我们可以对似然函数取对数来缓解该问题，即 $l_{\boldsymbol{\theta}} = \log[L_{\boldsymbol{\theta}}]$，并且仍然求解最好的模型参数 $\boldsymbol{\theta}_{\mathrm{ML}}$ 使对数似然函数最大：$\boldsymbol{\theta}_{\mathrm{ML}} \in \mathrm{argmax}\, l_{\boldsymbol{\theta}}$。可以证明这两者是等价的。在统计学中，参数 $\boldsymbol{\theta}$ 往往有明确的含义，所以，人们希望知道参数的取值及其置信区间。通过数学推导可以证明，假设数据真实分布是 $p(\boldsymbol{x}, \boldsymbol{\theta}^*)$，那么在一定的正则条件下，$\boldsymbol{\theta}_{\mathrm{ML}}$ 是 $\boldsymbol{\theta}^*$ 的相合估计，即 $\sqrt{n}(\boldsymbol{\theta}_{\mathrm{ML}} - \boldsymbol{\theta}^*)$ 有渐进正态性，并且是渐进最优（渐进有效）的。这些优良的性质让极大似然估计成为统计学中估计参数的常用方法。

但是对于深度学习来说，参数 θ 并不一定是可识别的，并且因为深度学习中的参数往往没有具体含义，所以我们常常不关心 θ 具体的取值。但我们仍然希望能够让似然函数以某种形式最大化，这是因为似然函数的最大化可以视作对模型的分布 p 和真实数据的分布 q 做匹配。如定义的 $-l_\theta = \sum_{i=1}^{N} -\log p(\cdot, \theta)$，可以在相差一个常数的意义下改写为 $D_{\mathrm{KL}}(q_{\mathrm{emp}} \| p(\cdot, \theta))$，其中 q_{emp} 在 $\{x_1, x_2, \cdots, x_N\}$ 上均匀分布。所以最大化 l_θ 等价于最小化 $D_{\mathrm{KL}}(q_{\mathrm{emp}} \| p(\cdot, \theta))$，模型分布与经验分布的 KL 散度。进一步把 q_{emp} 改为数据的真实分布 q，也就是对不同的数据点乘上了不同的权重，那么似然函数在相差一个常数的意义下就变成了 $D_{\mathrm{KL}}(q(\cdot) \| p(\cdot, \theta))$，那么最大化似然函数就是在极小化模型分布和真实分布的差距。有的人可能会注意到了，q 的真实分布是我们不知道的，所以没办法显式地计算这个 KL 散度，但是在数据量较大的情况下可以通过蒙特卡罗方法来模拟。这也是扩散模型最常用的损失函数，不仅如此，基于能量的模型（Energy-Based Model）、VAE、归一化流（Normalizing Flow）的训练方式都采用的最大化似然方式。GAN 的训练方式也是在匹配模型分布和数据分布，但不是通过最大化似然的方式，而是使用 GAN 的判别器（test function）来评判两个分布的区别。这就导致 GAN 会出现模式崩溃（mode collapse）的情况，即产生的样本单一。而最大化似然的方式就不会出现这个问题，因为它强制模型考虑到所有数据点。下面我们介绍如何提高扩散模型的似然值从而获得高质量、多样性的样本。

4.2　加噪策略优化

在扩散模型中，我们希望优化生成样本分布的对数似然，也就是 $E_{q_0} \log p_0$，其中 q_0 是真实样本的分布，p_0 是生成的样本的分布。这等价于最小化 q_0 与 p_0 之间的 KL 散度 $D_{\mathrm{KL}}(p_0 \| q_0)$。但直接计算 KL 散度是很难处理的，因为在扩散模型中样本是迭代生成的，一般一个样本就需要几百甚至上千次计算。所以为了提高计算效率，我们转而优化 $D_{\mathrm{KL}}(p_\pi \| q_\pi)$，这里 p_π 是整个前向加噪过程的分布，q_π 是整个逆向去噪过程的分布。根据 KL 散度的性质，可以证明 $D_{\mathrm{KL}}(p_\pi \| q_\pi)$ 是 $D_{\mathrm{KL}}(p_0 \| q_0)$ 的一个上界，即可以通过减小 $D_{\mathrm{KL}}(p_\pi \| q_\pi)$ 近似优化生成样本的似然。在经典的扩散模型（如 DDPM）中，前向过程中的噪声进程是手工调试的，没有可训练的参数。也就是说，q_π 是固定的，我们唯一能做的事就是学习 p_π 的分布使其与 q_π 匹配。如果 q_π 选择得不好，比如加噪的进度过

快导致信息丢失过多，那么会导致p_π难以通过学习的方式匹配q_π。从最优传输的角度来看，q_π和p_π是匹配数据分布q_0和先验分布的一座桥梁，而事实上能够匹配数据分布q_0和先验分布的随机过程有无限多个。所以我们会期望能够优化或者学习前向过程q_π，从而使学习p_π更简单，二者的 KL 散度更小。通过优化前向噪声的进程和扩散模型的其他参数，人们可以进一步最大化 VLB，以获得更高的对数似然值[121, 166]。

iDDPM[166]的工作表明，经典 DDPM 中的线性噪声在加噪的后期加噪程度过快，导致信息快速丢失，逆向去噪过程就会难以复原丢失的信息。而某种余弦加噪策略可以让信息丢失的速率更平缓，容易复原，从而改善模型的对数似然值。具体来说，iDDPM 的余弦加噪策略可以采取以下形式：

$$\bar{\alpha}_t = \frac{h(t)}{h(0)}, h(t) = \cos^2\left(\frac{\frac{t}{T} + m}{1 + m} \cdot \frac{\pi}{2}\right) \tag{4.1}$$

其中$\bar{\alpha}_t$如公式（2.3）和公式（2.4）定义，表示x_t中保留的x_0的信息量，而m是一个超参数，用于控制$t=0$时的噪声强度和整个余弦噪声的变化速率。Nichol 等人还提出了一个逆向方差的参数化方式，即在对数域中对β_t和$1 - \bar{\alpha}_t$之间进行插值。

在变分扩散模型（Variational Diffusion Model，VDM）[121]中，Kingma 等人提出通过联合训练加噪策略和其他扩散模型参数来最大化 VLB，从而提高连续时间扩散模型的似然函数值。VDM 使用单调神经网络$\gamma_\eta(t)$对加噪策略进行参数化，其中η表示单调神经网络中可学习的参数，并根据$\sigma_t^2 = \mathrm{sigmoid}(\gamma_\eta(t))$，$q(x_t|x_0) = N(\bar{\alpha}_t x_0, \sigma_t^2 I)$，$\bar{\alpha}_t\sqrt{(1 - \sigma_t^2)}$建立前向扰动过程。此外，Kingma 等人还证明了在连续时间的情形下（T趋于正无穷），数据点x的 VLB 可以简化为只取决于信噪比$R(t) = \bar{\alpha}_t^2/\sigma_t^2$的形式。VDM对前向过程的学习也可以表示为对信噪比的学习，即$R(t) = \exp(-\gamma_\eta(t))$。另外，$L_{\mathrm{VLB}}$可以被分解为：

$$L_{\mathrm{VLB}} = -E_{x_0}D_{\mathrm{KL}}(q(x_T|x_0)\|p(x_T)) + E_{x_0,x_1}\log p(x_0|x_1) - L_D \tag{4.2}$$

其中第一项和第二项可以与变分自编码器相类似的方式进行训练。第三项可以进一步简化为以下内容：

$$L_D = \frac{1}{2}E_{x_0,\epsilon}\int_{R_{\min}}^{R_{\max}} \|x_0 - \widehat{x}_\theta(x_v, v)\|_2^2 \mathrm{d}v \tag{4.3}$$

其中，$R_{\max} = R(1)$，$R_{\min} = R(T)$，$x_v = x_0 + \sigma_v \epsilon$ 表示通过前向过程对 x_0 进行扩散，直到 $t = R^{-1}(v)$，得到噪声数据点。x_θ 表示由扩散模型预测的无噪声数据点。因此，只要两个噪声进程在 $R_{\max}$ 和 $R_{\min}$ 处有相同的值，加噪策略就不会影响 VLB，而只会影响 VLB 的蒙特卡罗估计的方差。由此 Kingma 等人提出，加噪策略的初始值和结束值应该用来优化 VLB，而中间的加噪策略应该用来优化、减小蒙特卡罗的方差。

VDM 代码实践

VDM 代码如下：

```python
#代码源自：Variational DiffWave
#人工设计的两种加噪方式
#线性加噪直接在 beta_start 和 beta_end 之间做线性插值（Linear Interpolation）
def linear_beta_schedule(timesteps):
    scale = 1000 / timesteps
    beta_start = scale * 0.0001
    beta_end = scale * 0.02
    return torch.linspace(beta_start, beta_end, timesteps, dtype =
torch.float64)

#余弦加噪
def cosine_beta_schedule(timesteps, s = 0.008):
    steps = timesteps + 1
    x = torch.linspace(0, timesteps, steps, dtype = torch.float64)
    #此处的 s 就是公式（4.1）中的 m
    alphas_cumprod = torch.cos(((x / timesteps) + s)/(1 + s) * math.pi * 0.5)
        ** 2
    alphas_cumprod = alphas_cumprod / alphas_cumprod[0]
    betas = 1 - (alphas_cumprod[1:] / alphas_cumprod[:-1])
    return torch.clip(betas, 0, 0.999)

#基于 nn.Module 定义一个可学习的前向加噪类
class Nonnegative(nn.Module):
    def forward(self, X):
        return X.abs()

#下面这个单调神经网络由 11、12、13 三层神经元组成，其中每层的参数都是非负的
class NoiseScheduler(nn.Module):
    def __init__(self):
        super().__init__()
        #通过 register_parametrization 向参数加入非负的要求，这些参数通过方差最小化
        来学习
        self.l1 = parametrize.register_parametrization(
```

```
        nn.Linear(1, 1, bias=True), 'weight', Nonnegative())
    self.l2 = parametrize.register_parametrization(
        nn.Linear(1, 1024, bias=True), 'weight', Nonnegative())
    self.l3 = parametrize.register_parametrization(
        nn.Linear(1024, 1, bias=False), 'weight', Nonnegative())
    # gamma1 = -log(Rmin), gamma0 = -log(Rmax)，这个两参数通过最小化 VLB 来学习
    self.gamma1 = nn.Parameter(torch.ones(1) * 0, requires_grad=True)
    self.gamma0 = nn.Parameter(torch.ones(1) * -10, requires_grad=True)
    self.register_buffer('t01', torch.tensor([0., 1.]))

#t 的嵌入
def gamma_hat(self, t: torch.Tensor):
    l1 = self.l1(t)
    return l1 + self.l3(self.l2(l1).sigmoid())
#对 t 的嵌入做后处理
def forward(self, t: torch.Tensor):
    t = t.clamp(0, 1)
    min_gamma_hat, max_gamma_hat, gamma_hat = self.gamma_hat(
        torch.cat([self.t01, t], dim=0).unsqueeze(-1)).squeeze(1).split(
        [1, 1, t.numel()], dim=0)
    gamma0, gamma1 = self.gamma0, self.gamma1
    normalized_gamma_hat = (gamma_hat - min_gamma_hat) / (max_gamma_hat -
                                                          min_gamma_hat)
    gamma = gamma0 + (gamma1 - gamma0) * normalized_gamma_hat
    return gamma, normalized_gamma_hat
```

4.3　逆向方差学习

通过优化逆向过程p_π和前向过程q_π的 KL 散度来优化生成样本的似然值。在扩散模型的经典框架中，逆向过程p_π的初分布符合标准高斯分布，转移核是高斯转移核，所以能够学习的参数只有逆向过程中高斯转移核的期望与方差。但是在 DDPM 中假定了逆向马尔可夫链中的高斯转移核有固定的方差。虽然我们把逆向转移核写为 $p_\theta(x_{t-1}|x_t) = N(\mu_\theta(x_t, t), \Sigma_\theta(x_t, t))$，但通常将逆向方差$\Sigma_\theta(x_t, t)$固定为 $\beta_t I$。这就限制了p_π的表达和匹配能力。所以为了让p_π进一步匹配q_π，许多方法建议对逆向方差也进行学习，以进一步减小 KL 散度，从而提高 VLB 和对数似然值。

在 iDDPM[166]中，Nichol 和 Dhariwal 提议，通过用某种形式的线性插值来参数化并学习逆向方差，使用一种混合目标对其进行训练，以得到更高的对数似然和更快的采样速度，且不损失样本质量。特别是，他们将公式（2.5）中的逆向方差参数化

为：

$$\Sigma_\theta(\boldsymbol{x}_t, t) = \exp(\theta) \cdot \log\beta_t + (1 - \theta) \cdot \log\widetilde{\beta}_t$$

其中 $\widetilde{\beta}_t = \frac{1-\bar{\alpha}_{t-1}}{1-\bar{\alpha}_t}\beta_t$，$\theta$ 是可学习的参数。选择在 $\widetilde{\beta}_t$ 和 β_t 中插值是因为这两种固定的逆向方差可以带来类似的结果。iDDPM 这种对逆向方差进行的参数化是简单且可学习的，它避免了估计更复杂形式的 $\Sigma_\theta(\boldsymbol{x}_t, t)$ 所可能带来的不稳定性，并且其实验结果显示，这种简单的参数化确实可以提高似然值。

Analytic-DPM[8]证明了一个惊人的结果，即最优逆向方差可以从预先训练的分数函数中获得。"最优"是指最大的 VLB。假设 q_π 通过公式（2.2）、公式（2.3）来定义，并且 p_π 的期望和方差都可以学习，那么在逆向方差形如 $\sigma^2 \boldsymbol{I}$ 的假设下，最优逆向方差的解析形式如下：

$$\Sigma_\theta(\boldsymbol{x}_t, t) = \sigma_t^2 + \left(\sqrt{\frac{\bar{\beta}_t}{\alpha_t}} - \sqrt{\bar{\beta}_{t-1} - \sigma_t^2} \right)^2 \cdot \left(1 - \bar{\beta}_t E_{x_t} \left\| \frac{\nabla_{x_t} \log q_t(\boldsymbol{x}_t)}{d} \right\|^2 \right) \tag{4.4}$$

而最优均值等价于 DDPM 中对均值的参数化。在最优方差里，只有分数函数的二阶矩是未知的，所以可以直接替换成我们预训练的分数函数。因此，给定一个预训练的分数模型，我们可以估计其一阶矩和二阶矩，然后根据公式（4.4）进行计算，以获得最佳的逆向方差。将它们插入 VLB 可以得到更高的似然值。对这个结论的证明由几个核心步骤组成。Bao 等人[8]观察到前向链和逆向链的 KL 散度完全由前向转移核和逆向转移核的期望和方差决定。这个重要的观察允许我们计算和求解最优的逆向方差和逆向期望。首先他们证明了一步加噪和一步去噪的交叉熵有以下的形式。

引理 1：

假设 q 是一个概率密度函数，有期望 μ_q 和方差 Σ_q。另一个分布为 $p \sim N(\mu, \Sigma)$，那么 q 和 p 的交叉熵 $H(q, p)$ 等于 $H(N(\mu_q, \Sigma_q), p)$。

证明：

$$H(q, p) = -E_q \log p = -E_q \log \frac{1}{\sqrt{(2\pi)^d |\Sigma|}} \exp\left(-\frac{(\boldsymbol{x}-\mu)^T \Sigma^{-1}(\boldsymbol{x}-\mu)}{2} \right)$$

$$= \frac{1}{2} \log((2\pi)^d |\Sigma|) + \frac{1}{2} E_q (\boldsymbol{x}-\mu)^T \Sigma^{-1}(\boldsymbol{x}-\mu)$$

$$= \frac{1}{2}\log((2\pi)^d|\Sigma|) + \frac{1}{2}\mathrm{tr}(E_q(\boldsymbol{x}-\mu)^{\mathrm{T}}(\boldsymbol{x}-\mu)\Sigma^{-1})$$

$$= \frac{1}{2}\log((2\pi)^d|\Sigma|) + \frac{1}{2}\mathrm{tr}\left(E_q\left[(\boldsymbol{x}-\mu_q)^{\mathrm{T}}(\boldsymbol{x}-\mu_q) + (\mu_q-\mu)^{\mathrm{T}}(\mu_q-\mu)\right]\Sigma^{-1}\right)$$

$$= \frac{1}{2}\log((2\pi)^d|\Sigma|) + \frac{1}{2}\mathrm{tr}\left(E_q\left[\Sigma_q + (\mu_q-\mu)^{\mathrm{T}}(\mu_q-\mu)\right]\Sigma^{-1}\right)$$

$$= \frac{1}{2}\log((2\pi)^d|\Sigma|) + \frac{1}{2}\mathrm{tr}(\Sigma_q\Sigma^{-1}) + \frac{1}{2}(\mu_q-\mu)^{\mathrm{T}}\Sigma^{-1}(\mu_q-\mu)$$

$$= H(N(\boldsymbol{x}|\mu_q, \Sigma_q), p)$$

再利用交叉熵和 KL 散度的关系，可以得到：

$$D_{\mathrm{KL}}(q||p) = D_{\mathrm{KL}}\big(N(\mu_q, \Sigma_q), p\big) + H\big(N(\mu_q, \Sigma_q), p\big) - H(q)$$

证明：

$$D_{\mathrm{KL}}(q||p) = H(q, p) - H(q) = H\big(N(x|\mu_q, \Sigma_q), p\big) - H(q)$$

$$= H\big(N(x|\mu_q, \Sigma_q), p\big) - H\big(N(x|\mu_q, \Sigma_q)\big) + H\big(N(x|\mu_q, \Sigma_q)\big) - H(q)$$

$$= D_{\mathrm{KL}}(N(x|\mu_q, \Sigma_q)||p) + H\big(N(x|\mu_q, \Sigma_q)\big) - H(q)$$

在将上式应用于扩散模型时，我们把 q 代入前向转移核，把 p 代入逆向转移核。那么上式的后两项就是与优化无关的常数，我们只需要通过优化学习 p 的期望和方差来优化上式，也就是说优化目标只和 p 的期望和方差有关。Analytic-DPM 假设逆向方差形如 $\sigma^2\boldsymbol{I}$，在此假设下可以计算出最优的逆向期望和逆向方差的解析式：

$$\mu_t^*, \ \sigma_t^* = \mathrm{argmin}_{\{\mu,\sigma\}}E_q D_{\mathrm{KL}}\left(q(\boldsymbol{x}_{n-1}|\boldsymbol{x}_n)||N(\mu(\boldsymbol{x}_n), \sigma^2\boldsymbol{I})\right.$$

$$= E_{q(\boldsymbol{x}_{n-1}|\boldsymbol{x}_n)}[\boldsymbol{x}_{n-1}], \ E_q\mathrm{tr}(\mathrm{Cov}_{q(\boldsymbol{x}_{n-1}|\boldsymbol{x}_n)}[\boldsymbol{x}_{n-1}]/d)$$

其中 d 是数据的维度。接下来我们利用 KL 散度的性质把前向链和逆向链的 KL 散度拆分为每一步前向链和逆向链 KL 散度的和：

$$E_q D_{\mathrm{KL}}(q(\boldsymbol{x}_0, \cdots, \boldsymbol{x}_{N-1}|\boldsymbol{x}_N)\|p(\boldsymbol{x}_0, \cdots, \boldsymbol{x}_{N-1}|\boldsymbol{x}_N))$$

$$= \sum_{i=1}^{N} E_q D_{\mathrm{KL}}\left(q(\boldsymbol{x}_{n-1}|\boldsymbol{x}_n)||p(\boldsymbol{x}_{n-1}|\boldsymbol{x}_n) + c\right.$$

其中 c 是与逆向过程 p 无关的常数。这样我们可以针对每一步 KL 散度来优化其逆向转移核，如上述式子所示。再根据 Tweedie 公式建立最优期望和方差 μ_t^*、σ_t^* 与分数函数的联系，求得公式（4.4）。通过使用严谨的数学推导证明了最优逆向均值和期望的存在，并且其结果中唯一的未知量就是分数函数。因此，研究各种参数化逆向方差的技巧变得不再重要了，而应把注意力放在如何改善对分数函数的估计上。

iDDPM 代码实践

iDDPM 代码如下：

```
#代码源自：improved-diffusion
#扩散模型的训练代码
#引入一些包和工具函数
import argparse

from improved_diffusion import dist_util, logger
from improved_diffusion.image_datasets import load_data
from improved_diffusion.resample import create_named_schedule_sampler
from improved_diffusion.script_util import (
    model_and_diffusion_defaults,
    create_model_and_diffusion,
    args_to_dict,
    add_dict_to_argparser,
)
from improved_diffusion.train_util import TrainLoop

def main():
    args = create_argparser().parse_args()
    dist_util.setup_dist()
    logger.configure()
    logger.log("creating model and diffusion...")
    #根据参数创建分数模型和扩散类。模型用来预测分数函数，高斯扩散模型用来存储参数和实现
    计算。模型为"Unet"，"diffusion"为之前定义的"GaussianDiffusion"
    model, diffusion = create_model_and_diffusion(
        **args_to_dict(args, model_and_diffusion_defaults().keys()))
    #将模型存储到"gpu"上
    model.to(dist_util.dev())
    #创建关于训练时间点的采样器。默认是在所有时间点上均匀采样，也可以使用重要性采样的方法
    schedule_sampler =
create_named_schedule_sampler(args.schedule_sampler,
        diffusion)
    logger.log("creating data loader...")
    #载入数据
```

```python
    data = load_data(
        data_dir=args.data_dir,
        batch_size=args.batch_size,
        image_size=args.image_size,
        class_cond=args.class_cond,
    )
    logger.log("training...")
    #训练主体函数
    TrainLoop(
        model=model, #分数模型
        diffusion=diffusion, #扩散过程
        data=data, #训练数据
        batch_size=args.batch_size, #一批数据的大小
        microbatch=args.microbatch, #一个 microbatch 的大小
        lr=args.lr,
        ema_rate=args.ema_rate,
        log_interval=args.log_interval,
        save_interval=args.save_interval,
        resume_checkpoint=args.resume_checkpoint,
        use_fp16=args.use_fp16,
        fp16_scale_growth=args.fp16_scale_growth,
        schedule_sampler=schedule_sampler, #时间点采样器，默认从 0 到 T 均匀采样
        weight_decay=args.weight_decay,
        lr_anneal_steps=args.lr_anneal_steps,
        ).run_loop()

#通过命令行输入的训练参数
def create_argparser():
    defaults = dict(
        data_dir="", #训练数据位置
        schedule_sampler="uniform", #训练时间点采样
        lr=1e-4, #学习率
        weight_decay=0.0,
        lr_anneal_steps=0, #训练步数
        batch_size=1, #一个 batch 的数据量
        microbatch=-1,  #-1 表示不使用 microbatch
        ema_rate="0.9999",  # ema 率
        log_interval=10,
        save_interval=10000,
        resume_checkpoint="", #是否继续训练
        use_fp16=False,
        fp16_scale_growth=1e-3,
    )
    defaults.update(model_and_diffusion_defaults())
    parser = argparse.ArgumentParser()
    add_dict_to_argparser(parser, defaults)
```

```
    return parser

if __name__ == "__main__":
    main()


#定义一个类进行训练
class TrainLoop:
    def __init__(self, *,model, diffusion,data, batch_size, microbatch,
                 lr,ema_rate, log_interval, save_interval,
                 resume_checkpoint, use_fp16=False,
                 fp16_scale_growth=1e-3, schedule_sampler=None,
                 weight_decay=0.0,
                 lr_anneal_steps=0)
# 参数
# model：分数模型
# diffusion：GaussianDiffusion 类
# data：训练数据
# batch_size：一个 batch 的数据量
# microbatch：一个 microbatch 的数据量
# lr：学习率
# ema_rate：滑动平均率
# log_interval：log 的间隔
# save_interval：保存模型的间隔
# resume_checkpoint：是否继续训练
# use_fp16=False：使用 fp16 进行训练
# fp16_scale_growth：fp16 的参数
# schedule_sampler：训练的时间点采样器
# weight_decay：权重衰退
# lr_anneal_steps：学习的总步数

        #初始化参数
        self.model = model
        self.diffusion = diffusion
        self.data = data
        self.batch_size = batch_size
        self.microbatch = microbatch if microbatch > 0 else batch_size
        self.lr = lr
        self.ema_rate = (
            [ema_rate]
            if isinstance(ema_rate, float)
            else [float(x) for x in ema_rate.split(",")]
        )
        self.log_interval = log_interval
        self.save_interval = save_interval
        self.resume_checkpoint = resume_checkpoint
```

```
self.use_fp16 = use_fp16
self.fp16_scale_growth = fp16_scale_growth
self.schedule_sampler = schedule_sampler or
    UniformSampler(diffusion)
self.weight_decay = weight_decay
self.lr_anneal_steps = lr_anneal_steps
self.step = 0 #训练次数
self.resume_step = 0 #已经训练的次数
self.global_batch = self.batch_size * dist.get_world_size()
self.model_params = list(self.model.parameters())
self.master_params = self.model_params
self.lg_loss_scale = INITIAL_LOG_LOSS_SCALE
self.sync_cuda = th.cuda.is_available()
self._load_and_sync_parameters()
if self.use_fp16:
    self._setup_fp16()
#设置优化器
self.opt = AdamW(self.master_params, lr=self.lr,
    weight_decay=self.weight_decay)
#如果在命令行中 resume_step 设置为 True，那么就从事先给定的状态继续训练
if self.resume_step:
    self._load_optimizer_state()
    self.ema_params = [
        self._load_ema_parameters(rate) for rate in self.ema_rate
    ]
else:
    self.ema_params = [
        copy.deepcopy(self.master_params) for _ in
                        range(len(self.ema_rate))
    ]
#如果可以使用 cuda，则使用 torch 中的 DDP 进行训练
if th.cuda.is_available():
    self.use_ddp = True
    self.ddp_model = DDP(
        self.model,
    device_ids=[dist_util.dev()],
    output_device=dist_util.dev(),
    broadcast_buffers=False,
    bucket_cap_mb=128,
    find_unused_parameters=False,
    )
else:
    if dist.get_world_size() > 1:
        logger.warn(
            "Distributed training requires CUDA. "
            "Gradients will not be synchronized properly!"
```

```
                )
        self.use_ddp = False
        self.ddp_model = self.model

    # 使用 TrainLoop 的类方法 run_loop 来进行循环训练
    def run_loop(self):
        while (not self.lr_anneal_steps or self.step + self.resume_step <
            self.lr_anneal_steps):
            #抽取一批数据
            batch, cond = next(self.data)
            #进一步训练
            self.run_step(batch, cond)
            #周期性输出
            if self.step % self.log_interval == 0:
                logger.dumpkvs()
            #周期性存储数据
            if self.step % self.save_interval == 0:
                self.save()
            #测试模式
                if os.environ.get("DIFFUSION_TRAINING_TEST", "") and
                    self.step > 0:
                    return
            self.step += 1
        # 完成训练后储存模型
        if (self.step - 1) % self.save_interval != 0:
            self.save()

#进一步训练使用的函数
def run_step(self, batch, cond):
#参数
# batch: 一批训练数据
# cond: 数据类别，在条件扩散时使用
    #计算进一步训练的损失
    self.forward_backward(batch, cond)
    #进行优化
    if self.use_fp16:
        self.optimize_fp16()
    else:
        self.optimize_normal()
    #输出训练过程的指标
    self.log_step()

#计算损失
def forward_backward(self, batch, cond):
# 参数
# batch: 一批训练数据
```

```
# cond：数据类别，在条件扩散时使用

    zero_grad(self.model_params)
    for i in range(0, batch.shape[0], self.microbatch):
        #获得 microbatch 训练数据
        micro = batch[i : i + self.microbatch].to(dist_util.dev())
        micro_cond = {
            k: v[i : i + self.microbatch].to(dist_util.dev())
            for k, v in cond.items()
        }
        last_batch = (i + self.microbatch) >= batch.shape[0]
        #采样用于训练的时间点，如果使用重要性采样，则还需要获得时间点的权重
        t, weights = self.schedule_sampler.sample(micro.shape[0],
            dist_util.dev())
        #计算损失
        compute_losses = functools.partial(
            self.diffusion.training_losses,
            #具体的损失函数类型，是 GaussianDiffusion 类的方法
            self.ddp_model,
            micro,
            t,
            model_kwargs=micro_cond,
        )
        #计算损失
        if last_batch or not self.use_ddp:
            losses = compute_losses()
        else:
            with self.ddp_model.no_sync():
                losses = compute_losses()
        #计算完此步损失后，若损失的权重使用基于上一步损失的重要性采样，则更新下一步
        损失的权重
        if isinstance(self.schedule_sampler, LossAwareSampler):
            self.schedule_sampler.update_with_local_losses(t,
                losses["loss"].detach())
        loss = (losses["loss"] * weights).mean()
        log_loss_dict(
            self.diffusion, t, {k: v * weights for k, v in losses.items()}
        )
        #梯度回传
        if self.use_fp16:
            loss_scale = 2 ** self.lg_loss_scale
            (loss * loss_scale).backward()
        else:
            loss.backward()
```

```
#损失的计算，是之前 GaussianDiffusion 类的方法
def training_losses(self, model, x_start, t, model_kwargs=None,
noise=None):
# 参数
# model：训练的模型
# x_start：[N x C x ...]输入的张量
# t：一批加噪时间点
# model_kwargs：额外的参数，可用于条件生成模型的训练
# noise：可以指定要去掉的高斯噪声
    if model_kwargs is None:
        model_kwargs = {}
    if noise is None:
        noise = th.randn_like(x_start)
    x_t = self.q_sample(x_start, t, noise=noise)
    #GaussianDiffusion 类的加噪采样
    terms = {}
    #根据参数选择损失的类别并计算
    if self.loss_type == LossType.KL or self.loss_type ==
        LossType.RESCALED_KL:
        #计算 KL 散度
        terms["loss"] = self._vb_terms_bpd(model=model, x_start=x_start,
                                          x_t=x_t,t=t,
                                          clip_denoised=False,
                                          model_kwargs=model_kwargs,)
                                          ["output"]
        if self.loss_type == LossType.RESCALED_KL:
            terms["loss"] *= self.num_timesteps
    elif self.loss_type == LossType.MSE or self.loss_type
        ==LossType.RESCALED_MSE:
        #模型输出
        model_output = model(x_t, self._scale_timesteps(t),
            **model_kwargs)
        if self.model_var_type in [
            ModelVarType.LEARNED,
            ModelVarType.LEARNED_RANGE,
        ]:
            B, C = x_t.shape[:2]
            #模型的数据分为预测的噪声（期望）和学习的逆向方差
            assert model_output.shape == (B, C * 2, *x_t.shape[2:])
            model_output, model_var_values = th.split(model_output, C,
                dim=1)
            #使用 VLB 损失来学习方差，但不要使它影响模型对噪声的预测。将预测期望冻结
            frozen_out = th.cat([model_output.detach(),
                model_var_values], dim=1)
            #逆向方差的损失使用 KL 散度
            terms["vb"] = self._vb_terms_bpd(
```

```
                    model=lambda *args, r=frozen_out: r,
                    x_start=x_start,
                    x_t=x_t,
                    t=t,
                    clip_denoised=False,
                )["output"]
                if self.loss_type == LossType.RESCALED_MSE:
                    #把逆向方差的损失除以 1000，以避免影响模型预测噪声部分的训练
                    terms["vb"] *= self.num_timesteps / 1000.0
            #根据模型预测的类型，获得 ground truth 数据
            target = {
                #预测 x_t-1
                ModelMeanType.PREVIOUS_X: self.q_posterior_mean_variance(
                    x_start=x_start, x_t=x_t, t=t)[0],
                #预测 x_0
                ModelMeanType.START_X: x_start,
                #预测噪声
                ModelMeanType.EPSILON: noise,
                }[self.model_mean_type]
            assert model_output.shape == target.shape == x_start.shape
            #计算预测噪声的损失
            terms["mse"] = mean_flat((target - model_output) ** 2)
            #总的损失：预测逆向期望和逆向方差
            if "vb" in terms:
                terms["loss"] = terms["mse"] + terms["vb"]
            else:
                terms["loss"] = terms["mse"]
        else:
            raise NotImplementedError(self.loss_type)
        return terms


#使用 KL 散度计算 VLB 损失
def _vb_terms_bpd(
    self, model, x_start, x_t, t, clip_denoised=True, model_kwargs=None
):
# 参数
# model：模型
# x_start：原始数据
# x_t：t 时刻加噪数据
# t：（一批）时间
# clip_denoised：是否进行 clip
    #计算真实的 q(x_t-1|x_0,x_t) 的期望和方差
    true_mean, _, true_log_variance_clipped =
        self.q_posterior_mean_variance(
        x_start=x_start, x_t=x_t, t=t
    )
```

```
#计算模型预测的逆向期望和方差
out = self.p_mean_variance(
    model, x_t, t, clip_denoised=clip_denoised,
        model_kwargs=model_kwargs
)
#计算 KL 散度，因为两个分布都是高斯分布，仅需要两个分布的期望和方差就能计算 KL 散度
kl = normal_kl(
    true_mean, true_log_variance_clipped, out["mean"],
        out["log_variance"]
)
kl = mean_flat(kl) / np.log(2.0)
#从 1 时刻到 0 时刻的 KL 散度需要特殊处理
decoder_nll = -discretized_gaussian_log_likelihood(
    x_start, means=out["mean"], log_scales=0.5 * out["log_variance"]
)
assert decoder_nll.shape == x_start.shape
decoder_nll = mean_flat(decoder_nll) / np.log(2.0)

#在 0 时刻使用 decoder.nll 作为损失，其他时刻使用 KL 散度
output = th.where((t == 0), decoder_nll, kl)
return {"output": output, "pred_xstart": out["pred_xstart"]}
```

4.4　精确的对数似然估计

第 4.1 节和第 4.2 节的讨论都是把前向过程和逆向过程参数化为离散时间马尔可夫链。而本节讨论连续时间的情况，也就是假设前向过程和逆向过程都存在随机微分方程的解。在连续时间中进行讨论有诸多好处。在连续时间上进行分析，得到的结论更具一般性。经过适当的变换可以适用于各种形式的扩散模型，比如不论是 DDPM 还是 SGM 都可以视为 Score SDE[225]的离散形式。另一方面，从连续时间出发可以帮助我们打开视野，从而设计更多具有优良性质的扩散模型，比如从离散时间马尔可夫链出发可能很难设计出类似 CLD 的扩散模型。在 Score SDE[225]的公式中，样本是通过数值求解以下反向 SDE 产生的，其中公式（2.18）中的$\nabla_x \log q_t(x)$将被学习到的噪声条件分数模型$s_\theta(x_t, t)$所取代：

$$\mathrm{d}x = [f(x, t) - g^2(t)\nabla_x \log q_t(x)]\mathrm{d}t + g(t)\mathrm{d}\bar{w} \tag{4.5}$$

也就是说，我们先训练了一个噪声条件分数模型$s_\theta(x_t, t)$，然后将它插入公式（2.18）中得到公式（4.5），然后再用数值求解器求解公式（4.5）定义的随机微分方程。

这个数值求解的过程就是样本生成的过程。这里我们用 p_θ^{sde} 表示通过求解上述 SDE 而产生的样本分布，也就是公式（4.5）在 0 时刻的解。我们也可以通过将分数模型插入公式（2.19）中的概率流 ODE 来产生数据。通过将分数模型插入公式（2.19）中的概率流 ODE，可以得到：

$$\frac{\mathrm{d}\boldsymbol{x}_t}{\mathrm{d}t} = f(\boldsymbol{x}_t, t) - \frac{1}{2} g^2(t) s_\theta(\boldsymbol{x}_t, t) := \tilde{f}_\theta(\boldsymbol{x}_t, t) \tag{4.6}$$

同样，我们用 p_θ^{ode} 来表示求解这个 ODE 产生的样本分布。神经常微分方程[30]和连续归一化流[77]的理论表明，尽管计算成本很高，p_θ^{ode} 可以被准确计算。

对于 p_θ^{sde}，一些同时期的工作[98,145,219]证明，经过适当的加权，存在一个可高效计算的变分下界，我们可以直接使用修改的损失函数来训练我们的扩散模型，从而最大化 p_θ^{sde}。这也为通过去噪分数匹配、训练扩散模型提供了理论支撑。

Song 等人[219]证明了，在一个特殊的加权函数（被称为"likelihood weighting"）下，用于训练分数 SDE 的损失函数可以隐含地使数据上的对数似然最大化，即 p_θ^{sde} 最大化。他们证明了：

$$D_{\text{KL}}(q_0 \| p_\theta^{\text{sde}}) \leqslant L(\theta; g^2(\cdot)) + D_{\text{KL}}(q_T \| \pi) \tag{4.7}$$

其中 $D_{\text{KL}}(q_0 \| p_\theta^{\text{sde}})$ 表示原始数据分布 q_0 和 p_θ^{sde} 的 KL 散度，$L(\theta; g^2(\cdot))$ 表示将 Score SDE 的损失函数（见公式（2.20））的权重 $\lambda(t)$ 设置为 $g^2(t)$，即扩散系数的平方。因为 $D_{\text{KL}}(q_0 \| p_\theta^{\text{sde}}) = -E_{q_0} \log p_\theta^{\text{sde}} + \text{constant}$，并且 $D_{\text{KL}}(q_T \| \pi)$ 也是常数，所以减小 $L(\theta; g^2(\cdot))$ 等价于增大 $E_{q_0} \log p_\theta^{\text{sde}}$，即优化似然函数的期望值。此外，Song 等人和 Huang 等人[98,219]提供了以下对于某一数据点上 p_θ^{sde} 的界限：

$$-\log p_\theta^{\text{sde}}(\boldsymbol{x}) \leqslant L'(\boldsymbol{x}) \tag{4.8}$$

其中 $L'(\boldsymbol{x})$ 的主要部分联系到隐式分数匹配（Implicit Score Matching）[101]，而整个界限可以用蒙特卡罗方法有效地估计出来。

由于概率流 ODE 是神经 ODE 或连续归一化流的一个特例，我们可以使用这些领域的既定方法来准确计算 $\log p_\theta^{\text{ode}}$。假定数据是根据公式（4.6）连续生成的，那么在 0 时刻生成数据的对数似然可以直接根据下式计算得到瞬时换元公式：

$$\log p_\theta^{\text{ode}}(\boldsymbol{x}_0) = \log p_T(\boldsymbol{x}_T) + \int_0^T \nabla \cdot \tilde{f}_\theta(\boldsymbol{x}_t, t)\mathrm{d}t \tag{4.9}$$

我们可以用数值 ODE 求解器和 Skilling-Hutchinson 迹估计来计算上述的一维积分[100, 214]。Skilling-Hutchinson 迹估计使用下式计算 $\nabla \cdot \tilde{f}_\theta(\boldsymbol{x}_t, t)$：

$$\nabla \cdot \tilde{f}_\theta(\boldsymbol{x}_t, t) = E_{p(\epsilon)}\boldsymbol{\epsilon}^T \nabla \tilde{f}_\theta(\boldsymbol{x}_t, t)\boldsymbol{\epsilon}$$

其中 $\nabla \tilde{f}_\theta(\boldsymbol{x}_t, t)$ 是 $\tilde{f}_\theta(\boldsymbol{x}_t, t)$ 的雅可比矩阵，可以通过深度学习程序（如 PyTorch）的自动微分求出，$\boldsymbol{\epsilon}$ 是一个期望为零，方差为 $\boldsymbol{I}$ 的独立随机变量。这个式子的证明只需利用期望和迹运算的可交换性就可以证明。所以我们可以以任意精度估计 $\nabla \cdot \tilde{f}_\theta(\boldsymbol{x}_t, t)$，然后使用 ODE 求解器来计算 $\log p_\theta^{\text{ode}}(\boldsymbol{x}_0)$。但这个公式不能被直接用于优化数据上的 $\log p_\theta^{\text{ode}}$，因为它需要为每个数据点 $\boldsymbol{x}_0$ 调用计算代价昂贵的 ODE 求解器。神经 ODE 在原文[30]中也是在每次更新参数时都需要求解一个 ODE。为了减少使用上述公式直接最大化 p_θ^{ode} 带来的高额成本，Song 等人[219]提出了最大化 p_θ^{sde} 的变分下界，以此作为最大化 p_θ^{ode} 的代理，产生一类叫作"Score Flows"的扩散模型。在使用 likelihood weighting 训练 Score Flows 时，Song 等人发现，损失函数的方差增大了。扩散模型使用蒙特卡罗采样法来近似公式（2.20），但是当权重采用 likelihood weighting 时，蒙特卡罗采样的结果有较大的方差。解决的方案是，使用重要性采样（Importance Sampling），在 likelihood weighting 的基础上，变换时间 t 在从 0 到 T 上的分布，可以得到任意方式加权的损失。假设我们想要把权重变为 $\alpha^2(t)$，那么只需将 t 的分布变为 $p(t) = \frac{g^2(t)}{\alpha^2(t)Z}$ 即可，其中 Z 是归一化常数。文章[225]中的 $\alpha^2(t)$ 可以显著减小训练损失的方差，比如 VE-SDE，$\alpha^2(t) = \sigma^2(t)'$。

Lu 等人[145]进一步改进了概率流 ODE 的训练方法。他们提出，不仅要最小化普通的分数匹配损失函数，还要优化其高阶的推广。他们证明了 $\log p_\theta^{\text{ode}}$ 可以被一阶、二阶、三阶的分数匹配误差所限制。在这个理论结果的基础上，Lu 等人进一步提出了高效优化一阶、二阶、三阶的分数匹配误差的训练算法，以最小化高阶分数匹配损失，并且提高了 p_θ^{ode}。

第5章

将扩散模型应用于具有特殊结构的数据

虽然扩散模型在图像和音频等数据应用领域中取得了巨大的成功，但它们不一定能无缝地转移到其他模态上。在许多重要的领域，数据有特殊的结构。为了让扩散模型有效运作，必须考虑并处理这些特殊结构。比如，经典扩散模型所依赖的分数函数仅在连续数据域上才有良定义，而对于离散型数据没有良定义，或者数据位于低维流形上时，就会出现问题。为了应对这些挑战，扩散模型必须以各种方式进行调整。

5.1 离散数据

大多数扩散模型都是针对连续数据域的，因为 DDPM 中使用的高斯噪声扰动是连续性数据，并不适合作为噪声加入离散数据；而 SGM 和 Score SDE 所要求的分数函数也只在连续数据域中定义。分数函数的定义是数据概率密度函数的对数的导数 $\nabla_x \log q_t(x)$，而离散数据则无法定义分数函数，因为离散数据没有概率密度函数。为了克服这一困难，一些人[215, 6, 83, 96, 255]设计了可以生成离散数据的扩散模型。具体来说，如图 5-1 所示，VQ-Diffusion[83]先用 VQ-VAE 将 image 的特征空间离散化成 token，然后将前向过程中加入的高斯噪声替换为在离散数据空间上的随机游走，或一个随机遮蔽（mask）操作。由此产生的前向过程的转移核的形式是：

$$q(x_t|x_{t-1}) = v^\mathrm{T}(x_t)Q_t v(x_{t-1}) \tag{5.1}$$

其中$v(x_t)$是 one-hot 列向量，表示 t 时刻x_t所处的状态，Q_t是事先确定的转移矩阵：

$$Q_t = \begin{bmatrix} \alpha_t + \beta_t & \beta_t & \cdots & \beta_t \\ \beta_t & \alpha_t + \beta_t & \cdots & \beta_t \\ \vdots & \vdots & \ddots & \vdots \\ \beta_t & \beta_t & \cdots & \alpha_t + \beta_t \end{bmatrix}$$

其中$\alpha_t \in [0,1]$，$\beta_t = (1-\alpha_t)/K$。每个 image 的 token 有$\alpha_t + \beta_t$的概率保持之前的值，有 $K\beta_t$的概率从 K 个类别中进行重采样。利用前向转移核的马尔可夫性可以类似地解析计算出$q(x_{t-1}|x_0,x_t)$。由于离散数据不能定义分数函数，VQ-Diffusion 使用神经网络来直接预测原始样本$\widehat{x_0}$，然后通过匹配$q(x_{t-1}|x_0,x_t)$和$p_\theta(x_{t-1}|\widehat{x_0},x_t)$进行训练。更多转移矩阵的选择可以参考 D3PM[6]，包括一致的转移核、具有吸收状态转移

核、离散化高斯转移核或基于嵌入距离的转移核。

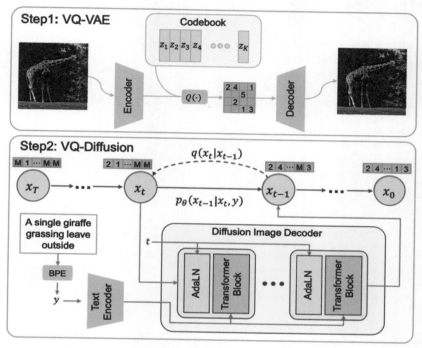

图 5-1　VQ-Diffusion 框架图

VQ-Diffusion 代码实践

VQ-Diffusion 代码如下：

```
#代码源自：VQ-Diffusion (CVPR2022, Oral) and Improved VQ-Diffusion
#基于 Diffusion 类计算训练损失
    def _train_loss(self, x, cond_emb, is_train=True):
    #参数
    # x：输入的离散 one-hot 数据
    # cond_emb：辅助信息，如其他文字嵌入
    # is_train：训练模式
        b, device = x.size(0), x.device
        assert self.loss_type == 'vb_stochastic'
        x_start = x
        #采样训练时间点
        t, pt = self.sample_time(b, device, 'importance')
```

```
#将数据从 one-hot 形式转变为对数的形式，便于损失的计算
log_x_start = index_to_log_onehot(x_start, self.num_classes)
#获得加噪数据，即获得前向链经过 t 步后得到的采样
log_xt = self.q_sample(log_x_start=log_x_start, t=t)
xt = log_onehot_to_index(log_xt)
#使用模型预测原始样本
log_x0_recon = self.predict_start(log_xt, cond_emb, t=t)
log_model_prob = self.q_posterior(log_x_start=log_x0_recon,
    log_x_t=log_xt, t=t)
log_true_prob = self.q_posterior(log_x_start=log_x_start,
    log_x_t=log_xt, t=t)
#计算真实的和预测的后验分布的 KL 散度，并在计算时使用了掩码
kl = self.multinomial_kl(log_true_prob, log_model_prob)
mask_region = (xt == self.num_classes-1).float()
mask_weight = mask_region * self.mask_weight[0] + (1. - mask_region) *
    self.mask_weight[1]
kl = kl * mask_weight
kl = sum_except_batch(kl)
decoder_nll = -log_categorical(log_x_start, log_model_prob)
decoder_nll = sum_except_batch(decoder_nll)
mask = (t == torch.zeros_like(t)).float()
kl_loss = mask * decoder_nll + (1. - mask) * kl

#对损失进行加权，计算重建损失并添加到原损失中
loss1 = kl_loss / pt
vb_loss = loss1
if self.auxiliary_loss_weight != 0 and is_train==True:
    #计算重建损失
    kl_aux = self.multinomial_kl(log_x_start[:,:-1,:],
        log_x0_recon[:,:-1,:])
    kl_aux = kl_aux * mask_weight
    kl_aux = sum_except_batch(kl_aux)
    kl_aux_loss = mask * decoder_nll + (1. - mask) * kl_aux
    #对重建损失进行加权
    if self.adaptive_auxiliary_loss == True:
        addition_loss_weight = (1-t/self.num_timesteps) + 1.0
    else:
        addition_loss_weight = 1.0
    loss2 = addition_loss_weight * self.auxiliary_loss_weight *
        kl_aux_loss / pt

    vb_loss += loss2
return log_model_prob, vb_loss
```

Campbell 等人[21]提出了第一个离散扩散模型的连续时间框架。在连续时间的视角下，前向马尔可夫链的轨迹由每个时刻 t 的转移速率矩阵 $R_t(x, y)$ 决定。简单来说，R_t 是马尔可夫链转移概率关于时间的微分，给定了 R_t 就决定了前向马尔可夫链的转移矩阵。类似于 Score SDE，Campbell 等人证明了存在逆向转移速率矩阵，由其导出的逆向连续时间马尔可夫链能够完全恢复原始数据分布。类似于分数函数在逆向 SDE 中的作用，在此视角下唯一需要学习的就是逆向转移速率矩阵。Campbell 等人还推导出了学习逆向转移速率矩阵和生成数据对数似然的关系式，并以此作为目标函数来学习逆向转移速率矩阵，从而提高模型的似然值。Campbell 等人还提出了适用于离散数据的高效采样器，同时提供了关于样本分布和真实数据分布之间误差的理论分析。

从随机微分方程的视角看，Liu 等人[292]在 "Learning Diffusion Bridges on Constrained Domains" 中提出了可以学习分布于特定区域的扩散模型。根据随机分析领域中的一个重要定理—— "Doob's h-transform"，只需适当调整 SDE 的漂移项，就可以令 SDE 的解以 "概率一" 存在特定区域中。另外，还可以把这个区域设置为离散空间，这样经过调整的扩散模型就可以直接生成存在于该空间的离散变量了。所以扩散模型只需学习 SDE 中的漂移系数即可。Liu 等人还设计了一种漂移系数的参数化方法，并基于 E-M 算法设计了一种优化方法，并利用 Girsanov 定理将损失函数写为 L_2 损失。

5.2 具有不变性结构的数据

很多领域的数据具有不变性的结构。例如，图（Graph）具有置换不变性，即交换对图节点的标记顺序并不改变图本身的结构；而点云是平移和旋转不变的，因为平移和旋转并不改变点云中点的相对位置。在扩散模型中，这些不变性常常被忽略，这可能导致次优的性能。为了解决这个问题，一些人[45, 171]给扩散模型增强了处理数据不变性的能力。

Niu 等人[171]率先提出了用扩散模型生成具有置换不变性的图的方案。这种方法适用于无向无权图，即生成无向无权图的邻接矩阵。该模型的前向过程向邻接矩阵的上三角矩阵，加入独立的高斯噪声来保证加噪矩阵也是对称的，然后使用神经网络来拟合加噪矩阵的分数函数（有良定义的）。类似地，采样过程也是在经典扩散模型的基础上将其改为对称的形式。Niu 等人证明了如果生成过程中使用的分数模型是置换不变的，那么生成的样本也是置换不变的，并采用了称为 EDP-GNN 的置换等变图神经网络[74, 208, 251]来估计分数函数。实验结果表明，使用 EDP-GNN 来参数化噪声条件得分模型可以生成置换不变的无向无权图。

GDSS[108]通过提出一个连续时间的图扩散过程，进一步拓展、改进了上述方法。为了同时生成图的邻接矩阵和节点特征，GDSS 通过一个随机微分方程系统对节点属性集（X）和邻接矩阵（A）的联合分布进行同时建模，GDSS 和 EDP-GNN 的区别如图 5-2 所示。在前向过程中，原始数据(X, A)被一个随机微分方程系统联合扰动，而生成过程使用逆向的随机微分方程系统来恢复数据结构。生成过程中需要估计联合分布(X_t, A_t)的分数函数，即$\nabla_{X_t, A_t} \log p_\theta (X_t, A_t)$。与 Score SDE 类似，使用线性的漂移系数且扩散系数与数据无关，这样逆向过程就可以写为如下的随机微分方程系统：

$$\begin{cases} \mathrm{d}X_t = [f_{1,t}(X_t) - g_{1,t}{}^2 \nabla_{X_t} \log p_t(X_t, A_t)] \, \mathrm{d}t + g_{1,t} \mathrm{d}w_1 \\ \mathrm{d}A_t = [f_{2,t}(A_t) - g_{2,t}{}^2 \nabla_{A_t} \log p_t(X_t, A_t)] \, \mathrm{d}t + g_{2,t} \mathrm{d}w_2 \end{cases}$$

这样可以避免估计计算高维函数$\nabla_{X_t, A_t} \log p_\theta (X_t, A_t)$，并且可以将其拆分为两个偏分数函数（partial score function），即$\nabla_{X_t} \log p_\theta (X_t, A_t)$和$\nabla_{A_t} \log p_\theta (X_t, A_t)$。在扩散过程中$(X_t, A_t)$是互相关联的，GDSS 使用偏分数函数可以对这种关联性进行建模，使其可以表达整个图的扩散过程。另外，有两种图神经网络来估计偏分数函数，其中使用信息传递操作和注意力机制来保证置换不变性。

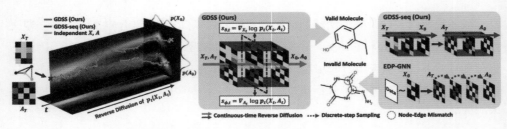

图 5-2　GDSS（右上）和 EDP-GNN（右下）

GDSS 代码实践

GDSS 代码如下：

```
#在代码源自: Score-Based Generative Modeling of Graphs via the System of
Stochastic Differential Equations
#在 GDSS 中计算一批数据损失的函数
def get_sde_loss_fn(sde_x, sde_adj, train=True, reduce_mean=False,
                    continuous=True, likelihood_weighting=False, eps=1e-5):
# 参数
# sde_x: 节点特征的扩散方程形式，如 VP-SDE、VE-SDE 等
# sde_adj: 邻接矩阵的扩散方程形式
# train: 是否进行训练
# reduce_mean: 是否对损失求均值
# continuous: 是否是连续时间模式
# likelihood_weighting: 损失函数加权方式
 reduce_op = torch.mean if reduce_mean else lambda *args, **kwargs:
                    0.5 * torch.sum(*args,**kwargs)
 #损失的计算
 def loss_fn(model_x, model_adj, x, adj):
    #根据扩散方程的类型和神经网络的输出，获得对分数函数的预测函数
    score_fn_x = get_score_fn(sde_x, model_x, train=train,
        continuous=continuous)
    score_fn_adj = get_score_fn(sde_adj, model_adj, train=train,
        continuous=continuous)

    #训练时间采样
    t = torch.rand(adj.shape[0], device=adj.device) * (sde_adj.T - eps) + eps
    flags = node_flags(adj)
    #生成噪声和加噪数据。在邻接矩阵和节点加入独立的标准高斯噪声
    z_x = gen_noise(x, flags, sym=False)
    mean_x, std_x = sde_x.marginal_prob(x, t)
    perturbed_x = mean_x + std_x[:, None, None] * z_x
    perturbed_x = mask_x(perturbed_x, flags)
    z_adj = gen_noise(adj, flags, sym=True)
    mean_adj, std_adj = sde_adj.marginal_prob(adj, t)
    perturbed_adj = mean_adj + std_adj[:, None, None] * z_adj
    perturbed_adj = mask_adjs(perturbed_adj, flags)
    #预测分数函数，注意模型的输入是加噪后的联合数据
    score_x = score_fn_x(perturbed_x, perturbed_adj, flags, t)
    score_adj = score_fn_adj(perturbed_x, perturbed_adj, flags, t)
    #下面利用 DSM 方法，分别计算偏分数函数的预测损失
    if not likelihood_weighting:
      losses_x = torch.square(score_x * std_x[:, None, None] + z_x)
      losses_x = reduce_op(losses_x.reshape(losses_x.shape[0], -1), dim=-1)
      losses_adj = torch.square(score_adj * std_adj[:, None, None] + z_adj)
```

```
    losses_adj = reduce_op(losses_adj.reshape(losses_adj.shape[0], -1),
        dim=-1)
  #使用 likelihood_weighting 的加权方式，需要调用 SDE 的扩散系数
  else:
    g2_x = sde_x.sde(torch.zeros_like(x), t)[1] ** 2
    losses_x = torch.square(score_x + z_x / std_x[:, None, None])
    losses_x = reduce_op(losses_x.reshape(losses_x.shape[0], -1), dim=-1)
        * g2_x
    g2_adj = sde_adj.sde(torch.zeros_like(adj), t)[1] ** 2
    losses_adj = torch.square(score_adj + z_adj / std_adj[:, None, None])
    losses_adj = reduce_op(losses_adj.reshape(losses_adj.shape[0], -1),
        dim=-1) * g2_adj
  return torch.mean(losses_x), torch.mean(losses_adj)
return loss_fn
```

同样，Shi 等人[210]和 Xu 等人[259]使扩散模型能够产生对平移和旋转不变的分子构象。例如，Xu 等人[259]说明，如果马尔可夫链以一个不变先验作为初分布且转移核是等变的，那么其产生的边际分布也具有置换不变性。这可以用来在分子构象生成中保证适当的数据不变性。具体来说，设 $\mathcal{T}$ 是一个平移或旋转变换。假如一个马尔可夫链的初始分布和转移核都有相应的不变性和等变性，即初始分布 π 保证 $\pi(\boldsymbol{x}_0) = \pi(\mathcal{T}(\boldsymbol{x}_0))$，转移核 p_θ 保证 $p_\theta(\boldsymbol{x}_{t+1}|\boldsymbol{x}_t) = p_\theta(\mathcal{T}(\boldsymbol{x}_{t+1})|\mathcal{T}(\boldsymbol{x}_t))$，那么这个马尔可夫链经过 T 步的边缘分布对于 $\mathcal{T}$ 是不变的，即 $p_\theta(\boldsymbol{x}_T) = p_\theta(\mathcal{T}(\boldsymbol{x}_T))$。因此，只要我们设计的先验分布和转移核都有相应的不变性，那么我们就可以建立一个扩散模型来生成具有平移和旋转不变的分子构象。Xu 等人选择了一种平移和旋转不变的噪声分布，并设计了一种具有相同不变性的信息传递神经网络（Message-Passing Neural Network）。具体方法是，给定第 l 层的节点特征 $\boldsymbol{h}^l$ 和位置特征 $\boldsymbol{x}^l$，第 $l + 1$ 层神经网络如下面公式更新特征：

$$\boldsymbol{m}_{ij} = \Phi_m\left(\boldsymbol{h}_i^l, \boldsymbol{h}_j^l, \left\|\boldsymbol{x}_i^l - \boldsymbol{x}_j^l\right\|^2, e_{ij}; \boldsymbol{\theta}_m\right)$$

$$\boldsymbol{h}_i^{l+1} = \Phi_h\left(\boldsymbol{h}_i^l, \sum_{j \in N(i)} \boldsymbol{m}_{ij}; \boldsymbol{\theta}_h\right)$$

$$\boldsymbol{x}_i^{l+1} = \sum_{j \in N(i)} \frac{1}{d_{ij}}(\boldsymbol{c}_i - \boldsymbol{c}_j)\Phi_x(\boldsymbol{m}_{ij}; \boldsymbol{\theta}_x)$$

其中 e_{ij} 表示节点特征，d_{ij} 表示节点距离，$N(i)$ 表示节点 i 的邻居节点，在这里包括距离小于阈值 τ 的所有节点。Φ_m、Φ_h、Φ_x 是神经网络。在每层神经网络中，先计

算相邻节点之间的信息传递 m_{ij}，然后再根据 m_{ij} 更新节点特征 h^{l+1} 和位置特征 x^{l+1}。经过 L 层网络后，使用 x^l 作为最后输出，预测加入的噪声。该网络的不变性可以通过迭代法证明。如果 h^l 是平移、旋转不变的且 x^l 是等变的，那么 m_{ij}^{l+1} 就是平移、旋转不变的，进一步可推出 h^{l+1} 是不变的、x^{l+1} 是等变的。那么最终的预测结果 x^l 就是平移、旋转等变的，保证了逆向过程转移核也是等变的。

GeoDiff 代码实践

GeoDiff 代码如下：

```
#代码源自，GeoDiff: a Geometric Diffusion Model for Molecular Conformation
Generation
# GeoDiff 中的信息传播神经网络
class SchNetEncoder(Module):
    def __init__(self, hidden_channels=128, num_filters=128,
            num_interactions=6, edge_channels=100, cutoff=10.0, smooth=False):
    # 参数
    # hidden_channels：节点特征隐层通道数
    # num_filters：滤波的数量
    # num_interactions：进行信息传播的次数
    # edge_channels：边特征通道数
    # cutoff：相邻节点的阈值
    # smooth：是否进行光滑化
        super().__init__()
        self.hidden_channels = hidden_channels
        self.num_filters = num_filters
        self.num_interactions = num_interactions
        self.cutoff = cutoff
        self.embedding = Embedding(100, hidden_channels, max_norm=10.0)
        #建立信息传播神经网络
        self.interactions = ModuleList()
        for _ in range(num_interactions):
            block = InteractionBlock(hidden_channels, edge_channels,
                        num_filters, cutoff, smooth)
            self.interactions.append(block)

    def forward(self, z, edge_index, edge_length, edge_attr, embed_node=True):
    # 参数
    # z：原子类别
    # edge_index：边的索引
    # edge_length：加噪后原子之间的距离
    # edge_attr：边特征，在信息传播网络中不更新
```

```python
    # embed_node：是否对节点信息（原子类别）进行嵌入
        if embed_node:
            assert z.dim() == 1 and z.dtype == torch.long
            h = self.embedding(z)
        else:
            h = z
        #进行 num_interactions 次信息传递来更新节点特征，并使用残差链接
        for interaction in self.interactions:
            h = h + interaction(h, edge_index, edge_length, edge_attr)
        return h

#信息传播层
class InteractionBlock(torch.nn.Module):
    def __init__(self, hidden_channels, num_gaussians, num_filters, cutoff,
        smooth):
    # 参数
    # hidden_channels：节点特征隐层通道数
    # num_gaussians：Gaussian 数量
    # num_filters：滤波的数量
    # cutoff：相邻节点的阈值
    # smooth：是否进行光滑化
        super(InteractionBlock, self).__init__()
        #建立神经网络来进一步提取边特征信息
        mlp = Sequential(
            Linear(num_gaussians, num_filters),
            ShiftedSoftplus(),
            Linear(num_filters, num_filters),
        )
        #使用连续滤波卷积层来提取节点特征
        self.conv = CFConv(hidden_channels, hidden_channels, num_filters,
                           mlp, cutoff, smooth)
        #非线性和线性映射
        self.act = ShiftedSoftplus()
        self.lin = Linear(hidden_channels, hidden_channels)

    def forward(self, x, edge_index, edge_length, edge_attr):
        x = self.conv(x, edge_index, edge_length, edge_attr)
        x = self.act(x)
        x = self.lin(x)
        return x

#基于 torch_geometric 包中的 MessagePassing 进行信息传播
From torch_geometric.nn import MessagePassing
class CFConv(MessagePassing):
    def __init__(self, in_channels, out_channels, num_filters, nn, cutoff,
        smooth):
```

```python
# 参数
# in_channels: 输入通道数
# out_channels: 输出通道数
# num_filters: 滤波的数量
# nn: 提取边特征的神经网络层
# cutoff: 相邻节点的阈值
# smooth: 是否进行光滑化
    #信息聚合使用加法运算
    super(CFConv, self).__init__(aggr='add')
    self.lin1 = Linear(in_channels, num_filters, bias=False)
    self.lin2 = Linear(num_filters, out_channels)
    self.nn = nn
    self.cutoff = cutoff
    self.smooth = smooth
    #初始化网络参数
    self.reset_parameters()
def reset_parameters(self):
    torch.nn.init.xavier_uniform_(self.lin1.weight)
    torch.nn.init.xavier_uniform_(self.lin2.weight)
    self.lin2.bias.data.fill_(0)
def forward(self, x, edge_index, edge_length, edge_attr):
# 参数
# x: 原子节点特征
# edge_index: 边的索引
# edge_length: 加噪后原子之间的距离
# edge_attr: 边特征
    #选择使用哪些节点作为邻居节点，进行 smooth，根据原子间距离对边特征加权
    if self.smooth:
        C = 0.5 * (torch.cos(edge_length * PI / self.cutoff) + 1.0)
        C = C * (edge_length <= self.cutoff) * (edge_length >= 0.0)
    else:
        C = (edge_length <= self.cutoff).float()
    #进一步抽取边特征的信息并加权
    W = self.nn(edge_attr) * C.view(-1, 1)
    x = self.lin1(x)
    #信息传播
    x = self.propagate(edge_index, x=x, W=W)
    x = self.lin2(x)
    return x

#计算函数并在 self.propagate 中被调用
def message(self, x_j, W):
    return x_j * W
```

5.3　具有流形结构的数据

具有流形结构的数据在机器学习中无处不在。正如流形假说[63]所认为的那样，自然界的数据往往位于内在维度较低的流形上。此外，许多数据域都有众所周知的流形结构。例如，气候和地球数据自然地位于球体上，因为球体是我们星球的形状。许多工作都为流形上的数据开发了扩散模型，我们根据流形是已知的还是未知的进行分类，并介绍一些有代表性的工作。

5.3.1　流形已知

有研究已经将 Score SDE 的形式扩展到了各种已知流形上。这种适应性类似于神经 ODE[30]和连续归一化流[77]泛化到黎曼流形上[144, 158]。为了训练这些模型，研究人员还将分数匹配和分数函数改为黎曼流形的形式。

黎曼分数生成模型（Riemannian Score-Based Generative Model，RSGM）[45]可以适应广泛的已知流形，包括球体和环形，只要它们满足较弱的条件。RSGM 证明了将扩散模型扩展到紧致黎曼流形上是可能的。该模型还提供了一个在流形上进行逆向扩散的公式。从内蕴的视角出发，RSGM 使用测地随机游动（Geodesic Random Walk）的方式来近似扩散模型在黎曼流形上的采样过程。它是用广义的去噪分数匹配来训练的。

与此相反，黎曼扩散模型（Riemannian Diffusion Model，RDM）[97]采用了一个变分框架，将连续时间扩散模型推广到黎曼流形上。RDM 使用对数似然的一个变分下界（VLB）作为其损失函数。RDM 模型的作者表示，最大化这个 VLB 等同于最小化一个黎曼分数匹配损失。与 RSGM 不同，假定相关的黎曼流形是嵌入在一个更高维的欧氏空间中的，那么 RDM 采取的是外蕴的观点。

5.3.2　流形未知

根据流形假说[63]，大多数自然数据位于内在维度明显较低的流形上。因此，识别这些低维流形并在其上训练扩散模型是有优势的。从而许多工作都是建立在这一想法之上的。首先使用自编码器将数据浓缩到一个低维流形中，然后在这个潜在空间中训练扩散模型。在这些情况下，流形是由自编码器隐含地定义的，并通过优化重建损失来学习得到的。

为了取得成效，关键是要设计一个损失函数，使自编码器和扩散模型能够同时得到训练。基于分数的潜在生成模型（LSGM）[234]试图将一个分数 SDE 扩散模型和变分自编码器（VAE）[123, 195]进行组合，从而解决联合训练的问题。LSGM 先用一个 VAE 学习一个潜在空间，然后在潜在空间中使用扩散模型生成潜在特征，并且在训练扩散模型的同时训练 VAE。在这种配置下，扩散模型可以视作在学习 VAE 的先验分布。因为扩散模型是应用于 VAE 学习得到的潜在空间，并且二者需要同时训练，所以扩散模型常用的训练目标如分数匹配、去噪分数匹配，对此就不再适用了。为了解决这个问题，LSGM 的作者提出了一个联合训练目标，将 VAE 的证据下限（ELBO）与扩散模型的分数匹配目标结合起来，并证明这是数据的对数似然的一个下限。通过将扩散模型置于潜在空间内，LSGM 实现了比传统扩散模型更高的采样效率。此外，LSGM 可以通过自编码器将离散型数据转换为连续的潜在特征。

潜在扩散模型（Latent Diffusion Model，LDM）[198]不是联合训练自编码器和扩散模型，而是分别处理每个组成部分的。首先，它训练一个自编码器以产生一个低维的潜在空间。然后在潜在空间中训练扩散模型。在低维潜在空间中扩散模型的计算效率更高，并且可以更好地进行可控生成，如文本到图片的生成。具体来说，LDM 先将文本嵌入潜在空间，然后在 U-Net 中加入交叉注意力（Cross-Attention）机制，使用文本嵌入引导图片去噪。DALL·E 2[186]采用了一个类似的策略，在 CLIP 图像嵌入空间上训练一个扩散模型，然后训练一个单独的解码器并基于 CLIP 的图像嵌入进行生成。

LDM 代码实践

LDM 代码如下：

```
#代码源自: Stable Diffusion
#使用预训练的自编码器将图片数据嵌入潜在空间
class AutoencoderKL(pl.LightningModule):
def __init__(self,ddconfig, lossconfig, embed_dim, ckpt_path=None,
ignore_keys=[],
image_key="image", monitor=None,):
    #参数
```

```
# ddconfig: 自编码器的参数
# lossconfig: 训练自编码器的损失函数类型
# embed_dim: 潜在空间维度
# ckpt_path: 自编码器参数存档路径
# ignore_keys: 忽略的存档标签
# image_key: 是否处理图像数据
# monitor: 是否使用 monitor
    super().__init__()
    self.image_key = image_key
    #初始化编码器和解码器神经网络
    self.encoder = Encoder(**ddconfig)
    self.decoder = Decoder(**ddconfig)
    assert ddconfig["double_z"]
    self.quant_conv = torch.nn.Conv2d(2*ddconfig["z_channels"],
        2*embed_dim, 1)
    self.post_quant_conv = torch.nn.Conv2d(embed_dim,
        ddconfig["z_channels"], 1)
    self.embed_dim = embed_dim
    #初始化自编码器训练损失
    self.loss = instantiate_from_config(lossconfig)
    if monitor is not None:
        self.monitor = monitor
    #载入预训练的参数
    if ckpt_path is not None:
        self.init_from_ckpt(ckpt_path, ignore_keys=ignore_keys)

def init_from_ckpt(self, path, ignore_keys=list()):
    sd = torch.load(path, map_location="cpu")["state_dict"]
    keys = list(sd.keys())
    for k in keys:

        #不载入标记在 ignore_keys 中的参数
        for ik in ignore_keys:
            if k.startswith(ik):
                print("Deleting key {} from state_dict.".format(k))
                del sd[k]
    self.load_state_dict(sd, strict=False)
    print(f"Restored from {path}")
#编码
def encode(self, x):
# 参数
# x: 预处理好的图片数据
    #将图片数据嵌入
    h = self.encoder(x)
    #再用一层卷积神经网络来学习嵌入分布的期望与方差
    moments = self.quant_conv(h)
```

```python
        #获得期望与方差，嵌入向量是由该期望和方差决定的高斯随机向量
        posterior = DiagonalGaussianDistribution(moments)
        #获得期望与方差后进行采样，将采样结果作为扩散模型的输入进行训练
        return posterior
    #解码
    def decode(self, z):
    # 参数
    # z：从扩散模型中生成的潜在变量
        z = self.post_quant_conv(z)
        dec = self.decoder(z)
        return dec
#将从编码得到的期望和方差采样嵌入向量
class DiagonalGaussianDistribution(object):
    def __init__(self, parameters, deterministic=False):
    # 参数
    # parameters：期望和方差
    # deterministic：是否进行确定性采样
        self.parameters = parameters
        #将其拆分为期望和对数方差并进行 clamp
        self.mean, self.logvar = torch.chunk(parameters, 2, dim=1)
        self.logvar = torch.clamp(self.logvar, -30.0, 20.0)
        self.deterministic = deterministic
        self.std = torch.exp(0.5 * self.logvar)
        self.var = torch.exp(self.logvar)
        #若进行确定性采样则将方差设置为 0，返回值为期望
        if self.deterministic:
            self.var = self.std = torch.zeros_like(self.mean).
                to(device=self.parameters.device)
    def sample(self):
        x = self.mean + self.std *torch.randn(self.mean.shape).
            to(device=self.parameters.device)
        return x


#使用交叉注意力机制来利用文本信息引导图片去噪
class CrossAttention(nn.Module):
    def __init__(self, query_dim, context_dim=None, heads=8, dim_head=64,
        dropout=0.):
    # 参数
    # query_dim：图片数据维度
    # context_dim：文本嵌入维度
    # heads：注意力头的数量
    # dim_head：query 的维度（同 key，value）
    # dropout
        super().__init__()
        #初始化维度和神经网络
        inner_dim = dim_head * heads
```

```python
        context_dim = default(context_dim, query_dim)
        self.scale = dim_head ** -0.5
        self.heads = heads
        self.to_q = nn.Linear(query_dim, inner_dim, bias=False)
        self.to_k = nn.Linear(context_dim, inner_dim, bias=False)
        self.to_v = nn.Linear(context_dim, inner_dim, bias=False)
        self.to_out = nn.Sequential(
            nn.Linear(inner_dim, query_dim),
            nn.Dropout(dropout)
        )
    def forward(self, x, context=None, mask=None):
        # 参数
        # x：嵌入后的图片数据
        # context：嵌入后的文本
        # mask：是否使用掩码
        h = self.heads
        #使用嵌入后（且加噪后）的图片数据计算 query
        q = self.to_q(x)
        #使用嵌入后的文本计算 key 和 value
        context = default(context, x)
        k = self.to_k(context)
        v = self.to_v(context)
        #将 q、k、v 按照注意力头数拆分
        q, k, v = map(lambda t: rearrange(t, 'b n (h d) -> (b h) n d', h=h),
            (q, k, v))
        #计算 q 和 k 相应位置的乘积并正则化
        sim = einsum('b i d, b j d -> b i j', q, k) * self.scale
        #若使用掩码
        if exists(mask):
            mask = rearrange(mask, 'b ... -> b (...)')
            max_neg_value = -torch.finfo(sim.dtype).max
            mask = repeat(mask, 'b j -> (b h) () j', h=h)
            sim.masked_fill_(~mask, max_neg_value)
        # 计算注意力系数
        attn = sim.softmax(dim=-1)
        #计算加权的 value，即使用文本引导的去噪图片
        out = einsum('b i j, b j d -> b i d', attn, v)
        out = rearrange(out, '(b h) n d -> b n (h d)', h=h)
        return self.to_out(out)
```

第6章

扩散模型与其他生成模型的关联

在本节中，我们首先介绍其他 5 种重要的生成模型，包括变分自编码器、生成对抗网络、归一化流、自回归模型和基于能量的模型，分析它们的优点和局限性。我们将介绍扩散模型与它们之间的联系，并说明这些生成模型是如何通过纳入扩散模型而得到促进的。

6.1　变分自编码器与扩散模型

变分自编码器（VAE）是一种生成模型[56, 124, 195]，它可以通过学习数据的潜在空间表示来生成新的样本数据。与传统的自编码器相比，VAE 具有更强的概率建模能力和更好的样本生成能力。如图 6-1 所示，VAE 有编码器（Encoder）和解码器（Decoder）两个部分。编码器将输入数据映射到潜在空间中的潜在变量，解码器则将这些潜在变量映射回原始数据空间，从而重建输入数据。在训练过程中，VAE 通过最大化对数似然的方式来学习模型参数。与标准自编码器不同的是，VAE 还使用了一种称为"变分推断"的技术来训练模型。

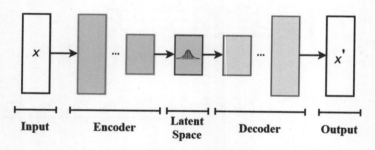

图 6-1　VAE 框架简图

具体来说，VAE 通过在潜在变量空间中引入一个先验分布来确保模型可以生成具有多样性的样本。这个先验分布通常是高斯分布或者混合高斯分布。在训练过程中，VAE 尝试最大化重建数据的对数似然，同时最小化模型学习到的潜在变量与先验分布之间的差异。这个差异可以使用 KL 散度来度量，KL 散度是一种用于衡量两个分布之间差异的度量。VAE 假设数据 x 可以由未观察到的潜在变量 z 使用条件分布 $p_\theta(x|z)$ 产生，而 z 服从简单的先验分布 $\pi(z)$。此外还需要 $q_\phi(z|x)$ 来近似后验分布 $p_\theta(z|x)$，使

用样本x来推断z。为了保证有效推理，我们采用变异贝叶斯方法以使证据下限（ELBO）最大化：

$$\mathcal{L}(\phi, \theta; x) = E_{q(z|x)}\left[\log p_\theta(x|z) - q_\phi(z|x)\right]$$

其中$\mathcal{L}(\phi, \theta; x) \leqslant \log p_\theta(x)$。只要参数化的似然函数$p_\theta(x|z)$和参数化的后验近似分布$q_\phi(z|x)$能够以点到点的方式计算出来，并可随其参数而微分，ELBO 便可以通过梯度下降法实现最大化。VAE 的这种形式允许灵活选择编码器和解码器的模型。通常情况下，这些模型表示了指数族分布，其参数是由多层神经网络生成的。VAE 的核心问题是对近似后验分布$q_\phi(z|x)$的选取，如果选取的过于简单就无法近似真实后验，则导致模型效果不好；而如果选得比较复杂，则对数似然又会很难计算。扩散模型通过先定义后验分布，然后通过学习生成器来匹配后验分布。这样就避免了优化后验分布，而直接优化生成器。

DDPM 可以被视作一个具有固定编码器（后验分布）的层次马尔可夫 VAE。具体来说，DDPM 的前向过程对应于 VAE 中的编码器，但是这个过程的结构是一个确定的线性高斯模型（见公式（2.2））。另一方面，DDPM 的逆向过程的功能就如同 VAE 的解码器，但是解码器内的潜在变量与样本数据的大小相同，并且在多个解码步骤中共享同一个神经网络。

在连续时间的视角下，Song 团队[225]、Huang 团队[98]、Kingma 团队[121]证明了分数匹配的目标函数可以使用深度层次 VAE 的证据下限（ELBO）来近似。因此，优化一个扩散模型可以被看作是训练一个无限深的层次 VAE 模型。这一发现支持了一个被普遍接受的观点，即 Score SDE 扩散模型可以被视为层次化 VAE 的连续极限。

对于潜在空间中的扩散模型，潜在分数生成模型（Latent Score-Based Generative Model，LSGM）[234]证明了 ELBO 可以被视为一个特殊的分数匹配目标。对于潜在空间中的扩散模型，ELBO 中的交叉熵项是难以处理的，但如果将基于分数的生成模型看作是一个无限深的 VAE，那么交叉熵项可以被转化为一个可处理的分数匹配目标。

6.2　生成对抗网络与扩散模型

生成对抗网络（Generative Adversarial Network，GAN），旨在通过训练两个神经网络来生成与训练数据相似的新数据。其中一个神经网络生成伪造的数据，而另一个神经网络评估这些伪造数据与真实数据的相似度。这两个神经网络同时进行训练，不断改进生成器的性能，使其生成的数据更加逼真。GAN 最初由 Ian Goodfellow 等人在 2014 年提出。GAN 通常由两个神经网络组成：生成器 G 和判别器 D。生成器的目标是生成与训练数据相似的新数据，而判别器的目标是区分生成器生成的伪造数据和真实数据。在训练过程中，判别器会评估每个样本是否来自真实数据集，如果样本来自真实数据集，则将其标记为 1；如果样本来自生成器生成的数据，则将其标记为 0。图 6-2 是 GAN 最基本的训练框架图。生成器的目标是生成与真实数据相似的样本，使得判别器无法区分生成器生成的样本与真实样本的区别。对生成器 G 和判别器 D 的同时优化可以视作一个 min-max 问题：

$$\min_{G} \max_{D} E_{x \sim p_{\text{data}}}[\log D(x)] + E_{z \sim \pi}[\log\left(1 - D\left(G(z)\right)\right)]$$

GAN 的训练过程可以概括为以下几个步骤：

1. 生成器接收一个随机噪声向量，并使用它来生成一些伪造数据。
2. 判别器将真实数据和生成器生成的伪造数据作为输入，并输出对它们的判断结果。
3. 根据判别器的结果，生成器被更新，以生成更接近真实数据的伪造数据，而判别器被更新，以更准确地区分生成器生成的伪造数据和真实数据。

GAN 有许多不同的变体和应用，可用于图像、音频和文本生成等。其中，最常见的 GAN 算法是 DCGAN（Deep Convolutional GAN），它是一种使用卷积神经网络（CNN）的 GAN 变体。除此之外，还有 WGAN（Wasserstein GAN）、CycleGAN、StarGAN，等等。

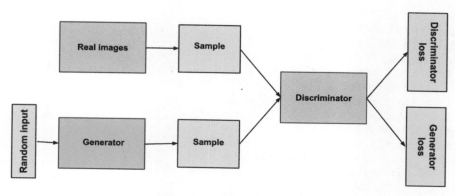

图 6-2　GAN 训练框架图

GAN 的问题之一是训练过程中的不稳定性，这主要是由输入数据的分布和生成数据的分布之间不重叠导致的。一种解决方案是将噪声注入判别器的输入以扩大生成器和判别器分布的支持集。利用灵活的扩散模型，Wang 等人[241]通过由扩散模型确定的自适应加噪策略表向判别器注入噪声。

另一方面，GAN 可以促进扩散模型的采样速度。Xiao 等人[253]证明了扩散模型采样速度慢是由于去噪步骤中的高斯假设引起的，这个假设仅适用于小步长的情况，这就导致扩散模型需要大量去噪步骤。因此，他们提出每个去噪步骤都由条件 GAN 建模，从而允许更大的步长和更少的去噪步骤。在去噪过程的第 t 步，DDGAN（Denoising Diffusion GAN）使用一个生成器 $G(x_t, t, z)$ 来预测无噪声的原始样本 x_0'，其输入是当前有噪声的样本 x_t 和一个额外的服从标准高斯分布的潜在变量 z。使用已知的高斯分布 $q(x_{t-1}|x_t, x_0')$ 即可获得下一步去噪后样本。此外使用一个判别器 $D(x_{t-1}, x_t, t)$ 来判断输入的 x_{t-1} 是否为真实的去噪后样本，并与生成器进行对抗训练。实验结果表明，DDGAN 在保证样本质量和多样性的同时，大大减小了需要的采样时间。

Diffusion+GAN 代码实践

Diffusion+GAN 代码如下：

```
#代码源自: Official PyTorch implementation of "Tackling the Generative
Learning Trilemma with Denoising Diffusion GANs"(ICLR 2022 Spotlight Paper)
#训练 DDGAN
def train(rank, gpu, args):
#参数
```

```
# rank：次序
# gpu：使用的"gpu"
# args：额外参数
    #加载生成器、判别器包和 EMA 包
    from score_sde.models.discriminator import Discriminator_small,
        Discriminator_large
    from score_sde.models.ncsnpp_generator_adagn import NCSNpp
    from EMA import EMA
    #初始化随机种子
    torch.manual_seed(args.seed + rank)
    torch.cuda.manual_seed(args.seed + rank)
    torch.cuda.manual_seed_all(args.seed + rank)
    device = torch.device('cuda:{}'.format(gpu))
    batch_size = args.batch_size
    nz = args.nz
    #加载数据集
    if args.dataset == 'cifar10':
        dataset = CIFAR10('./data', train=True,
                    transform=transforms.Compose([transforms.Resize(32),
                        transforms.RandomHorizontalFlip(),
                        transforms.ToTensor(),
                        transforms.Normalize((0.5,0.5,0.5),
                            (0.5,0.5,0.5))]),
                    download=True)
    train_sampler = torch.utils.data.distributed.DistributedSampler(
        dataset,
        num_replicas=args.world_size,
        rank=rank)
    data_loader = torch.utils.data.DataLoader(dataset,
                                            batch_size=batch_size,
                                            shuffle=False,
                                            num_workers=4,
                                            pin_memory=True,
                                            sampler=train_sampler,
                                            drop_last = True)

    #初始化生成器和判别器
    netG = NCSNpp(args).to(device)
    if args.dataset == 'cifar10' or args.dataset == 'stackmnist':
        netD = Discriminator_small(nc = 2*args.num_channels, ngf = args.ngf,
                                t_emb_dim = args.t_emb_dim,
                                act=nn.LeakyReLU(0.2)).to(device)
    else:
        netD = Discriminator_large(nc = 2*args.num_channels, ngf = args.ngf,
                                t_emb_dim = args.t_emb_dim,
                                act=nn.LeakyReLU(0.2)).to(device)
    broadcast_params(netG.parameters())
```

```
broadcast_params(netD.parameters())
#初始化优化器和 EMA
optimizerD = optim.Adam(netD.parameters(), lr=args.lr_d, betas =
    (args.beta1, args.beta2))
optimizerG = optim.Adam(netG.parameters(), lr=args.lr_g, betas =
    (args.beta1, args.beta2))
if args.use_ema:
    optimizerG = EMA(optimizerG, ema_decay=args.ema_decay)
schedulerG = torch.optim.lr_scheduler.CosineAnnealingLR(optimizerG,
    args.num_epoch, eta_min=1e-5)
schedulerD = torch.optim.lr_scheduler.CosineAnnealingLR(optimizerD,
    args.num_epoch, eta_min=1e-5)
#使用 DDP
netG = nn.parallel.DistributedDataParallel(netG, device_ids=[gpu])
netD = nn.parallel.DistributedDataParallel(netD, device_ids=[gpu])

exp = args.exp
parent_dir = "./saved_info/dd_gan/{}".format(args.dataset)
exp_path = os.path.join(parent_dir,exp)
if rank == 0:
    if not os.path.exists(exp_path):
        os.makedirs(exp_path)
        copy_source(__file__, exp_path)
        shutil.copytree('score_sde/models', os.path.join(exp_path,
            'score_sde/models'))
#加载扩散模型类的参数，即事先确定的每个时间点的加噪系数，用于获得加噪样本
coeff = Diffusion_Coefficients(args, device)
pos_coeff = Posterior_Coefficients(args, device)
T = get_time_schedule(args, device)
#加载生成器和判别器的参数
if args.resume:
    checkpoint_file = os.path.join(exp_path, 'content.pth')
    checkpoint = torch.load(checkpoint_file, map_location=device)
    init_epoch = checkpoint['epoch']
    epoch = init_epoch
    netG.load_state_dict(checkpoint['netG_dict'])
    optimizerG.load_state_dict(checkpoint['optimizerG'])
    schedulerG.load_state_dict(checkpoint['schedulerG'])
    netD.load_state_dict(checkpoint['netD_dict'])
    optimizerD.load_state_dict(checkpoint['optimizerD'])
    schedulerD.load_state_dict(checkpoint['schedulerD'])
    global_step = checkpoint['global_step']
    print("=> loaded checkpoint (epoch {})"
                .format(checkpoint['epoch']))
else:
    global_step, epoch, init_epoch = 0, 0, 0
```

```python
#开始训练
for epoch in range(init_epoch, args.num_epoch+1):
    train_sampler.set_epoch(epoch)
    for iteration, (x, y) in enumerate(data_loader):
        for p in netD.parameters():
            p.requires_grad = True
        netD.zero_grad()
        #真实样本
        real_data = x.to(device, non_blocking=True)
        #采样训练时间点 t
        t = torch.randint(0, args.num_timesteps, (real_data.size(0),),
            device=device)
        #获得真实的加噪数据
        x_t, x_tp1 = q_sample_pairs(coeff, real_data, t)
        x_t.requires_grad = True
        #使用真实的加噪样本训练判别器
        D_real = netD(x_t, t, x_tp1.detach()).view(-1)
        errD_real = F.softplus(-D_real)
        errD_real = errD_real.mean()
        errD_real.backward(retain_graph=True)
        #梯度惩罚
        if args.lazy_reg is None:
            grad_real = torch.autograd.grad(
                    outputs=D_real.sum(), inputs=x_t, create_graph=True
                    )[0]
            grad_penalty = (
                grad_real.view(grad_real.size(0),-1).norm(2,dim=1)**2
                    ).mean()
            grad_penalty = args.r1_gamma / 2 * grad_penalty
            grad_penalty.backward()
        else:
            if global_step % args.lazy_reg == 0:
                grad_real = torch.autograd.grad(
                        outputs=D_real.sum(), inputs=x_t, create_graph=True
                                        )[0]
                grad_penalty = (
                    grad_real.view(grad_real.size(0), -1).norm(2, dim=1)
                        ** 2
                                    ).mean()
                grad_penalty = args.r1_gamma / 2 * grad_penalty
                grad_penalty.backward()

        # 使用生成的样本训练判别器和生成器。首先从标准高斯分布采样
        latent_z = torch.randn(batch_size, nz, device=device)
        #预测 x_0，然后使用预测的 x_0 获得预测的 x_t-1
        x_0_predict = netG(x_tp1.detach(), t, latent_z)
```

```
x_pos_sample = sample_posterior(pos_coeff, x_0_predict, x_tp1, t)
output = netD(x_pos_sample, t, x_tp1.detach()).view(-1)
errD_fake = F.softplus(output)
errD_fake = errD_fake.mean()
errD_fake.backward()
#计算判别器的总损失并更新参数
errD = errD_real + errD_fake
optimizerD.step()
#训练生成器。重新采样，并使用更新后的判别器计算假样本的分类损失
for p in netD.parameters():
    p.requires_grad = False
netG.zero_grad()
t = torch.randint(0, args.num_timesteps, (real_data.size(0),),
    device=device)

x_t, x_tp1 = q_sample_pairs(coeff, real_data, t)
latent_z = torch.randn(batch_size, nz,device=device)
x_0_predict = netG(x_tp1.detach(), t, latent_z)
x_pos_sample = sample_posterior(pos_coeff, x_0_predict, x_tp1, t)
#将判别器的判别假样本的输出结果作为生成器的损失
output = netD(x_pos_sample, t, x_tp1.detach()).view(-1)
errG = F.softplus(-output)
errG = errG.mean()
#更新生成器
errG.backward()
optimizerG.step()
global_step += 1
if iteration % 100 == 0:
    if rank == 0:
        print('epoch {} iteration{}, G Loss: {}, D Loss:
            {}'.format(epoch,iteration, errG.item(), errD.item()))
if not args.no_lr_decay:
    schedulerG.step()
    schedulerD.step()
```

6.3　归一化流与扩散模型

归一化流（Normalizing Flow）[51, 194]是生成模型，通过将易于处理的分布进行变换以对高维数据进行建模[53, 122]。归一化流可以将简单的概率分布转化为极其复杂的概率分布，并用于强化学习、变分推理等领域。归一化流的学习过程如图 6-3 所示。

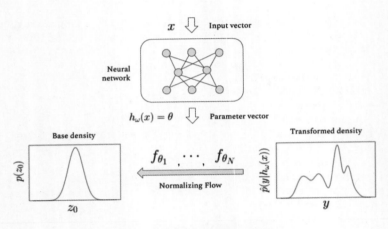

图 6-3　归一化流的学习过程

现有的归一化流是基于变量替换公式构建的[51, 194]，其中连续时间归一化流的轨迹由微分方程公式化。具体来说，连续归一化流通过如下微分方程对原始数据进行变换：

$$\dot{x}_t = f(x_t, t, \theta)$$

其中 $\dot{x}_t$ 表示 x_t 关于 t 的微分。而在离散时间的设置中，从数据 x 到归一化流中的潜在 z 是一系列双射的组合，形如 $F = F_N, F_{N-1}, \cdots, F_1$。归一化流的轨迹 $\{x_1, x_2, \cdots, x_N\}$ 满足：

$$x_i = F_i(x_{i-1}, \theta), x_{i-1} = F_i^{-1}(x_i, \theta), \forall 1 \leqslant i \leqslant N$$

与连续时间类似，归一化流允许通过变量替换公式计算对数似然。然而，双射的要求限制了在实际应用中或理论研究中的对复杂数据的建模。有几项工作试图放宽这种双射要求[53,246]。例如，DiffFlow[276]引入了一种生成建模算法，基于归一化流的想法，DiffFlow 使用了归一化流来直接学习扩散模型中的原本需要人工设置的漂移系数。这使它拥有了归一化流和扩散模型的优点。因此相比归一化流，DiffFlow 产生的分布边界更清晰，并且可以学习更一般的分布，而与扩散模型相比，其离散化步骤更少所以采样速度更快。

另一项工作，隐式非线性扩散模型（Implicit Nonlinear Diffusion Model，INDM）采用了类似 LSGM 的设计，先使用归一化流将原始数据映射到潜在空间中，然后在潜在空间中进行扩散。利用伊藤公式，可以证明 INDM 实际上是使用了由归一化流学习的非线性 SDE 来对数据进行扰动和恢复的。进一步分析，INDM 的 ELBO 可转换为归一化流的损失与分数匹配的求和，使模型被高效训练。实验结果表明 INDM 可以提高采样速度，并且提高模型似然值。

INDM 代码实践

INDM 代码如下：

```
#代码源自: Maximum Likelihood Training of Implicit Nonlinear Diffusion Model
(INDM) (NeurIPS 2022)
 def flow_step_fn_nll(state, flow_state, batch):
 #参数
 #state: 一个记录了训练信息的字典，包括分数模型、优化器、EMA 状态、优化步数
 #flow_state: 一个记录了训练信息的字典，包括归一化流模型、优化器、EMA 状态、优化步数
 #batch: 一批训练数据
 #返回：训练损失
   #加载分数模型、归一化流模型及优化器
   model = state['model']
   flow_model = flow_state['model']
   optimizer = state['optimizer']
   flow_optimizer = flow_state['optimizer']
   #初始化损失，梯度归零
   batch_size = batch.shape[0]
   num_micro_batch = config.optim.num_micro_batch
   losses_ = torch.zeros(batch_size)
   losses_score_ = torch.zeros(batch_size)
   losses_flow_ = torch.zeros(batch_size)
   losses_logp_ = torch.zeros(batch_size)
   optimizer.zero_grad()
   flow_optimizer.zero_grad()
   #开始训练，首先将数据分割成 mini-batch
   if train:
     for k in range(num_micro_batch):
       mini-batch = batch[batch_size // num_micro_batch * k: batch_size //
         num_micro_batch * (k + 1)]
       #将原始数据输入归一化流，获得变换后的数据和归一化流部分的损失
       transformed_mini_batch, losses_flow = flow_forward(config,
         flow_model, mini_batch, reverse=False)
       #将变换后数据放入扩散模型，预测分数并获得分数匹配损失
       losses_score = loss_fn(model, transformed_mini_batch,
         st=config.training.st)
       #计算对变换后数据进行扩散后得到的加噪样本的熵
```

```
        losses_logp = calculate_logp(transformed_mini_batch)
        #是否要对损失进行平均
        if config.training.reduce_mean:
          losses_flow = - losses_flow / np.prod(batch.shape[1:])
          losses_logp = - losses_logp / np.prod(batch.shape[1:])
        else:
          losses_flow = - losses_flow
          losses_logp = - losses_logp
            assert losses_score.shape == losses_flow.shape ==
                losses_logp.shape ==
                torch.Size([transformed_mini_batch.shape[0]])
        #计算总损失并回传
        losses = losses_score + losses_flow + losses_logp
        torch.mean(losses).backward(retain_graph=True)
        #保存损失
        losses_[batch_size // num_micro_batch * k: batch_size //
            num_micro_batch * (k + 1)] = losses.cpu().detach()
        losses_score_[batch_size // num_micro_batch * k: batch_size //
            num_micro_batch * (k + 1)] = losses_score.cpu().detach()
        losses_flow_[batch_size // num_micro_batch * k: batch_size //
            num_micro_batch * (k + 1)] = losses_flow.cpu().detach()
        losses_logp_[batch_size // num_micro_batch * k: batch_size //
            num_micro_batch * (k + 1)] = losses_logp.cpu().detach()
     #优化
     optimize_fn(optimizer, model.parameters(), step=state['step'])
     optimize_fn(flow_optimizer, flow_model.parameters(),
        step=flow_state['step'])
   #更新参数
   update_lipschitz(flow_model)
   state['step'] += 1
   state['ema'].update(model.parameters())
   flow_state['step'] += 1
   flow_state['ema'].update(flow_model.parameters())
   return losses_, losses_score_, losses_flow_, losses_logp_
```

6.4 自回归模型与扩散模型

自回归模型（Autoregressive Model，ARM）通过将数据的联合分布分解为条件的乘积来对数据进行建模，如图 6-4 所示。

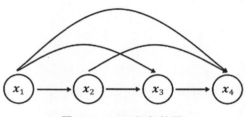

图 6-4　ARM 框架简图

使用概率链式法则（probability chain rule），随机向量 $\boldsymbol{x}_{1:t}$ 的对数似然可以写为：

$$\log p(\boldsymbol{x}_{1:T}) = \sum_{i=1}^{T} \log p(\boldsymbol{x}_t|\boldsymbol{x}_{<t})$$

其中 $\boldsymbol{x}_{<t}$ 是 $\boldsymbol{x}_{1:t}$ 的缩写[11, 130]。深度学习的最新进展促进了各种数据模式[25, 162, 207]的处理，例如，图像[34, 237]、音频[112, 236]和文本[12, 18, 80, 160, 163]。自回归模型（ARM）通过使用单个神经网络提供生成能力。采样这些模型需要与数据维度相同数量的网络调用。虽然 ARM 是有效密度估计器，但抽样是一个连续的、耗时的过程（尤其对于高维数据更是如此）。

另一方面，自回归扩散模型（ARDM）[95]能够生成任意顺序的数据，包括与顺序无关的自回归模型和离散扩散模型[6, 96, 216]。与传统 ARM 表征上使用因果掩码的方法不同，ARDM 使用了一个有效的训练目标来使其适用于高维数据，其灵感来自扩散概率模型（DPM）。此外，ARDM 的生成过程与具有吸收态的离散扩散模型是相似的。在测试阶段，扩散模型与 ARDM 能够并行生成数据，使其可以应用于一系列的生成任务。

6.5　基于能量的模型与扩散模型

基于能量的模型（Energy-Based Model，EBM）[26, 48, 58, 64, 67, 68, 75, 78, 79, 120, 129, 132, 165, 170, 182, 196, 254, 281]可以被视作一种生成式的判别器[79, 104, 131, 134]，其可以从未标记的输入数据中学习。让 $x \sim p_{\text{data}}(x)$ 表示一个训练样例，$p_{\theta}(x)$ 表示一个概率密度函数，旨在逼近

$p_{\text{data}}(x)$。基于能量的模型定义为：

$$p_\theta(x) = \frac{1}{Z_\theta} \exp\left(f_\theta(x)\right)$$

其中 $Z_\theta = \int \exp(f_\theta(x))\,\mathrm{d}x$ 是归一化系数，对于高维度数据是难以解析计算的。对于图像数据，$f_\theta(x)$ 由具有标量输出的卷积神经网络参数化。Salimans 等人[204]通过比较约束分数模型和基于能量的模型对数据分布的分数进行建模，最终发现了约束分数模型即基于能量的模型。当二者使用了可比较的模型结构时，在使用基于能量的模型（EBM）时可以和无约束模型得到一样好的表现。EBM 训练前后对比如图 6-5 所示。

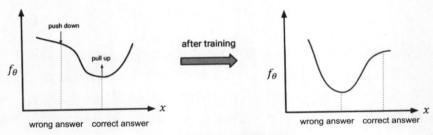

图 6-5　EBM 训练前后对比

尽管 EBM 具有许多理想的特性，但在高维数据建模方面仍然存在两个挑战。首先，对于最大化似然学习得到的 EBM，通常需要使用 MCMC 方法来从模型中生成样本。这使得计算成本可能非常高。其次，以往经验表明，通过非收敛的 MCMC 方法学习到的能量势能不稳定，来自长期马尔可夫链的样本与观察到的样本有显著不同。在一项研究中，Gao 等人[69]提出了一种扩散恢复似然法，即在扩散模型逆过程中使用一系列条件 EBM 学习样本分布。在这一系列条件 EBM 中，每一个条件 EBM 都接受上一个条件 EBM 产生的噪声强度较高的样本，并对接受的样本进行去噪，以产生噪声强度较低的样本。条件 EBM $p_\theta(x|\tilde{x})$ 是通过恢复似然（Recovery Likelihood）训练的，即在给定高噪声样本 $\tilde{x}$ 后，使用低噪声数据 x 的条件似然值作为目标函数，其目的是在给定更高噪声的噪声数据的情况下，最大化特定低噪声水平下数据的条件概率。条件 EBM 可以较好地最大化恢复似然，这是因为原数据的分布可能是多模态（Multi-Modal）的，而在给定加噪样本后，原数据的条件概率会比原数据的边际似然更容易处理。例如，从条件分布抽样比从边际分布中抽样容易得多。当每次加入的噪

声强度足够小时，条件 EBM 的条件似然函数将近似于高斯分布。这意味着扩散恢复似然中逐个条件 EMB 的采样近似于扩散模型逆过程中逐次对样本去噪。同时 Gao 等人[69]还证明了，当每次加入的噪声强度足够小时，扩散恢复似然的最大似然训练与 Score SDE 的分数匹配训练是近似的，并进一步建立了基于能量的模型与扩散模型的关系。扩散恢复似然可以生成高质量的样本，并且来自长期 MCMC 方法的样本仍然类似于真实图像。

最后我们用已经在第 2 章介绍过的图来总结 5 种生成模型和扩散模型的结合范式，如图 6-6 所示。

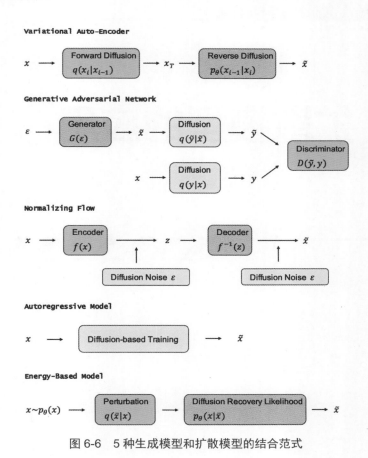

图 6-6　5 种生成模型和扩散模型的结合范式

第 7 章

扩散模型的应用

7.1　无条件扩散模型与条件扩散模型

扩散模型，由于其强大的生成能力和灵活性，被用来解决各种具有挑战性的现实任务。我们根据任务类型将这些应用归为 6 个不同的类别：计算机视觉、自然语言处理、时间数据建模、多模态学习、鲁棒学习和跨学科应用。对于每个任务类别，我们都会对其任务定义和相关经典算法进行介绍，然后详细阐释如何将扩散模型应用于该任务中。这里先简单介绍一下扩散模型在应用时的两种基本范式：无条件扩散模型（Unconditional Diffusion Model）和条件扩散模型（Conditional Diffusion Model）。作为生成模型，扩散模型和 VAE、GAN、Flow 等模型的发展过程很相似，都是先发展无条件生成，然后发展条件生成。无条件生成往往是为了探索生成模型的效果上限，而条件生成则更多是对应用层面的探索，因为它可以根据我们的意愿来控制输出结果。下面我们主要介绍一下条件扩散模型。如图 7-1 所示，条件扩散模型相比无条件扩散模型多了引导信息 c 和条件机制两个模块，它们对其扩散模型的反向采样过程 p_θ 起到了重要的引导作用。其中引导信息可以是多种多样的，比如物体类别、风格、图片信息、文本信息，甚至 AI Drug 中的靶点蛋白信息、分类器梯度等人为定义的特征也可以作为引导信息。条件扩散模型中的引导信息和输入之间的条件机制模块的形式也是多样的，从简单的拼接、交叉注意力机制到自适应的层标准化等，条件扩散模型在可控生成中发挥着越来越重要的作用。

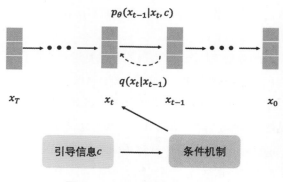

图 7-1　条件扩散模型示意图

7.2 计算机视觉

7.2.1 图像超分辨率、图像修复和图像翻译

本小节将介绍图像超分辨率、图像修复，以及图像翻译的定义和常见算法。

图像超分辨率（Image Super Resolution）是指通过计算机算法将低分辨率图像转换成高分辨率图像的过程。图像超分辨率技术拥有广泛的应用，例如，提高数字摄像机、视频摄像机、医学影像设备等的分辨率；改善图像质量和增强视觉效果。下面将介绍一些常见的图像超分辨率算法：

1. 插值算法。插值算法是图像超分辨率中最基本的算法，它通过计算低分辨率图像像素周围像素的加权平均值来生成高分辨率图像。常见的插值算法有双线性插值和三次插值。插值算法简单、易用，但会导致图像模糊和失真。

2. 基于样本的算法。基于样本的算法是通过学习大量高分辨率图像的特征来提高图像超分辨率的效果的。这类算法需要先训练一个低分辨率图像到高分辨率图像的映射模型，然后根据输入的低分辨率图像预测出对应的高分辨率图像。常见的基于样本的算法有最近邻算法等。

3. 基于稀疏表示的算法。基于稀疏表示的算法是通过学习低分辨率图像与高分辨率图像之间的稀疏线性组合来实现图像超分辨率的。这类算法需要先构建一个字典，然后使用稀疏编码方法从字典中选择最适合低分辨率图像的一组高分辨率图像，从而实现图像超分辨率。常见的基于稀疏表示的算法有 K-SVD 和 BM3D 算法。

4. 基于深度学习的算法。基于深度学习的算法是近年来图像超分辨率领域的主流算法，它使用卷积神经网络（CNN）来学习低分辨率图像到高分辨率图像的映射模型。这类算法需要大量的训练数据，但其在图像超分辨率效果方面表现优异，常见的基于深度学习的算法有 SRCNN、VDSR、SRGAN 等。

图像修复（Image Inpainting）是一种数字图像处理技术，其目的是通过使用周围像素来恢复缺失或损坏的图像区域。这些缺失或损坏区域可能是由于拍摄时的瑕疵、噪声、失真、数据传输错误或其他原因导致的。图像修复在许多领域中都有广泛的应

用，如图像编辑、计算机视觉、医学图像处理和数字文物保护等。以下是几种常见的图像修复算法：

1. 基于插值的算法。最简单的图像修复算法之一，使用周围像素的平均值或线性插值来填充缺失区域。这种算法容易实现，但通常不能产生高质量的修复结果。

2. 基于偏微分方程的算法。这种算法利用偏微分方程来描述图像中的边缘和纹理信息，通过优化一个能量函数来生成修复结果。常用的偏微分方程包括拉普拉斯和欧拉-拉格朗日方程等。

3. 基于纹理合成的算法。这种算法利用图像纹理和结构信息来生成缺失区域的内容。它通常分为基于区域的合成和基于像素的合成两种方法。基于区域的合成通过将具有相似纹理和结构的区域复制到缺失区域来生成修复结果，而基于像素的合成则是将具有相似像素值的像素从周围区域复制到缺失区域来进行修复的。

4. 基于机器学习的算法。这种算法利用机器学习技术，通过训练一个神经网络或其他模型来预测缺失区域的像素值。这种方法需要大量的训练数据和计算资源，但可以产生高质量的修复结果。

图像翻译（Image Translation）是指将一种图像转化为另一种图像的过程。它可以将一种风格的图像转化为另一种风格的图像；将一种颜色的图像转化为另一种颜色的图像；将一种分辨率的图像转化为另一种分辨率的图像，等等。图像翻译技术在图像生成、图像风格迁移、图像增强等领域都有着广泛的应用。以下是几种常见的图像翻译算法：

1. CycleGAN 是一种无监督的图像翻译算法。它可以将一种图像区域中的图像映射为另一种图像区域中的图像，同时保持图像的内容不变。CycleGAN 使用对抗性损失和循环一致性损失来训练生成器和判别器，从而实现图像的翻译。CycleGAN 已经被广泛应用于图像风格迁移、图像转换等领域。

2. Pix2Pix 是一种有监督的图像翻译算法。它可以将一种输入图像翻译成另一种输出图像。Pix2Pix 使用条件生成对抗网络（CGAN）学习输入图像和输出图像之间的映射。与 CycleGAN 不同，Pix2Pix 需要有配对的输入图像和输出图像来进行训练，因此需要更多的数据。

3. StarGAN 是一种多域图像翻译算法。它可以将一种图像翻译成多种不同的风格。StarGAN 使用一个共享的生成器和一个多任务的判别器来实现图像翻译。StarGAN 不需要配对的输入图像和输出图像，因此它可以同时学习多种不同的风格。

基于扩散模型的图像生成

综上所述，以 GAN 为代表的深度学习的算法已经成为图像生成领域的主流算法。随着扩散模型的快速发展，扩散模型也越来越多地被用于图像超分辨率、图像修复、图像翻译这 3 种任务当中。例如，通过迭代细化实现图像超分辨率的方法（Super-Resolution via Repeated Refinement，SR3）[202]使用 DDPM 来实现条件性的图像生成。SR3 通过一个随机、迭代的去噪过程来获得超分辨率。级联扩散模型（Cascaded Diffusion Model，CDM）[91]则由多个扩散模型依次组成，每个模型产生的图像的分辨率越来越高。如图 7-2 所示，CDM 框架图[294]由多个级联的类别条件（Class Conditional）扩散生成模块组成，并且包括超分辨率扩散生成模块。SR3 和 CDM 都是直接将扩散过程应用于输入的图像的，因此需要更多的生成步数。

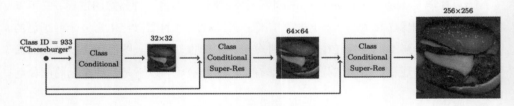

图 7-2　CDM 框架图

来源：Ho J, Saharia C, Chan W, et al. Cascaded Diffusion Models for High Fidelity Image Generation

为了使用有限的计算资源训练扩散模型，一些方法[198, 234]使用预训练的自编码器将扩散过程转移到潜在空间（Latent Space）。通过将数据转换到潜在空间上进行扩散，LDM（Latent Diffusion Model）[198]在不牺牲生成样本质量的情况下，简化了去噪扩散模型的训练和采样过程。具体来说，LDM 用预训练的自编码器将扩散过程从像素空间转移到潜在空间，这大大减少了扩散过程需要的计算消耗。同时，因为是在语义空间进行扩散的，所以 LDM 的引导信息和图像特征空间交互得更加充分。实验表明，LDM 的生成效果超过了之前的 SOTA 模型 DALL·E 2 和 VQGAN。LDM 框架图[295]由 3 部分组成：第一部分是从像素空间（Pixel Space）到潜在空间的转换模块；第二部分是在潜在空间上进行扩散生成的 Diffusion Process；第三部分是对扩散采样过程进行条件控制的 Conditioning 模块，如图 7-3 所示。

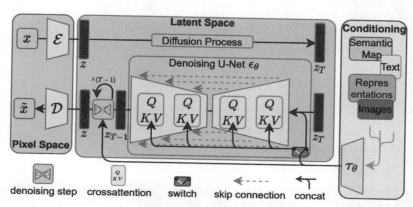

图 7-3　LDM 框架图

来源：Robin Rombach, Andreas Blattmann, Dominik Lorenz, Patrick Esser, B Ommer High-Resolution Image Synthesis with Latent Diffusion Models. In IEEE Conference on Computer Vision and Pattern Recognition

对于图像修复任务，RePaint[147]使用了一个增强的去噪策略，它使用迭代式的重采样来更好地引导生成图像。RePaint 修改了标准去噪过程，以便在给定图像内容的条件下进行修复。在每个步骤中，从 DDPM 输入中对已知区域（顶部）采样，从 DDPM 输出中对修复部分（底部）采样。图 7-4 为 RePaint 框架图[296]。RePaint 采用预训练的无条件扩散模型作为生成的先验。为了有效引导生成过程，只通过使用给定的图像信息对未进行掩码的区域进行采样来改变反向扩散迭代。由于这种技术并不修改或调节原始的扩散网络本身，所以该模型对任何补全形式都能产生高质量和多样化的输出图像，其逐步去噪和最终结果如图 7-5 所示。另一边，Palette[200]采用了条件扩散模型，为图像生成任务创建了一个统一的框架，其中也包含了图像的修复任务。

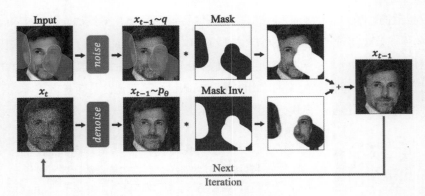

图 7-4　RePaint 框架图

来源：Andreas Lugmayr, Martin Danelljan, Andres Romero, Fisher Yu, Radu Timofte, and Luc Van Gool. Repaint: Inpainting using Denoising Diffusion Probabilistic Models. In IEEE Conference on Computer Vision and Pattern Recognition

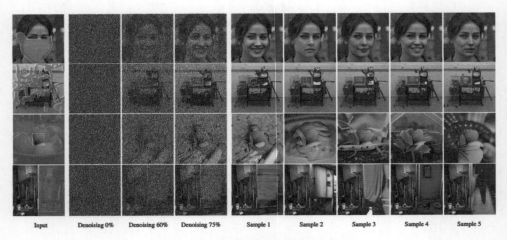

图 7-5　RePaint 逐步去噪和最终结果

来源：Andreas Lugmayr, Martin Danelljan, Andres Romero, Fisher Yu, Radu Timofte, and Luc Van Gool. Repaint: Inpainting using Denoising Diffusion Probabilistic Models. In IEEE Conference on Computer Vision and Pattern Recognition

扩散模型还可以用于图像翻译。SDEdit[161]使用随机微分方程来提高图像的保真度。具体来说，它向输入图像添加高斯噪声，并且将任意一个复杂的数据分布转换为已知的先验分布。在训练过程中，可以看到这种已知分布。这就是模型训练重建图像的依据。因此，该模型学会了如何将添加了高斯噪声的图像转换为噪声较小的图像，通过 SDE 对图像进行去噪处理。SDEdit 能进行从简笔画到复杂图像的转化，以及基于笔画的编辑。SDEdit 的编辑过程[297]如图 7-6 所示。

图 7-6　SDEdit 的编辑过程

来源：Chenlin Meng, Yutong He, Yang Song, Jiaming Song, JiajunWu, Jun-Yan Zhu, and Stefano Ermon. SDEdit: Guided Image Synthesis and Editing with Stochastic Differential Equations. In International Conference on Learning Representations

7.2.2　语义分割

图像的语义分割是计算机视觉领域中的一项重要任务，旨在将图像中的每个像素分配给不同的语义类别。具体而言，该任务将输入图像转换为具有相同分辨率的掩码图像，其中每个像素都被分配为其对应的语义类别，如人、车、道路、建筑等。与传统的图像分类任务不同，语义分割需要对每个像素进行分类而不是对整个图像进行分类。

常见的语义分割算法主要包括：

1. 基于全卷积网络的语义分割算法。这种算法主要是使用卷积神经网络（CNN）进行语义分割。全卷积神经网络将最后一层全连接层改为卷积层，从而可以处理任意尺寸的输入图像。主要有 U-Net、SegNet 等。

2. 基于条件随机场的语义分割算法。这种算法主要是在 CNN 的基础上，加入了条件随机场（CRF）模型，用于对像素间的关系进行建模。主要有 CRF-RNN、DenseCRF 等。

3. 基于区域的语义分割算法。这种算法先对图像进行区域分割，然后再对每个区域进行分类。主要有基于图的算法（如 SuperParsing）、基于聚类的算法（如 Cobweb）、基于图像分割（如 SLIC）的算法等。

4. 基于注意力机制的语义分割算法。这种算法使用注意力机制来控制模型对图像不同区域的关注程度，从而提高模型的准确性。主要有 Attention U-Net、DANet 等。

基于扩散模型的语义分割

研究表明，扩散模型可以学习图像中像素级的语义信息。Baranchuk 等人[9]将扩散模型的训练过程看成生成式的预训练过程，并发现这样可以提高对语义分割模型的标签利用效率。该方法将 DDPM 中不同尺度的特征拼接到一起去做像素级的分类，同时学习了输入样本的高层次语义信息和细粒度信息，对分割任务非常有帮助。这种利用学习到的表征的小样本方法的效果已经超过了 VDVAE[33]和 ALAE[179]等方法的效果。图 7-7 为基于 DDPM 的语义分割框架图[298]。该方法使用去噪网络中的特征图去做最后的语义分割任务。图 7-8 为基于 DDPM 的语义分割结果对比图[298]。

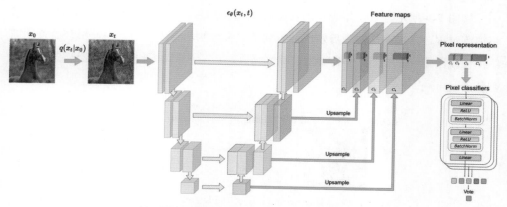

图 7-7　基于 DDPM 的语义分割框架图

来源：Dmitry Baranchuk, Ivan Rubachev, Andrey Voynov, Valentin Khrulkov, Artem Babenko. Label-Efficient Semantic Segmentation with Diffusion Models. In International Conference on Learning Representations

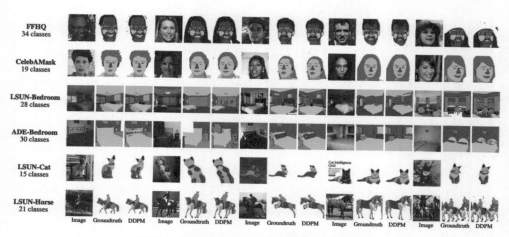

图 7-8　基于 DDPM 的语义分割结果对比图

来源：Emmanuel Asiedu Brempong, Simon Kornblith, Ting Chen, Niki Parmar, Matthias Minderer, and Mohammad Norouzi. Denoising Pretraining for Semantic Segmentation. In IEEE Conference on Computer Vision and Pattern Recognition

如图 7-9 所示，解码器去噪预训练（Decoder Denoising Pretraining）[17]提出了 3 步训练过程，将去噪预训练巧妙地运用到了语义分割场景中。第一步使用有监督预训练图像编码器；第二步使用去噪预训练解码器；第三步微调编码器-解码器来做语义分割任务。

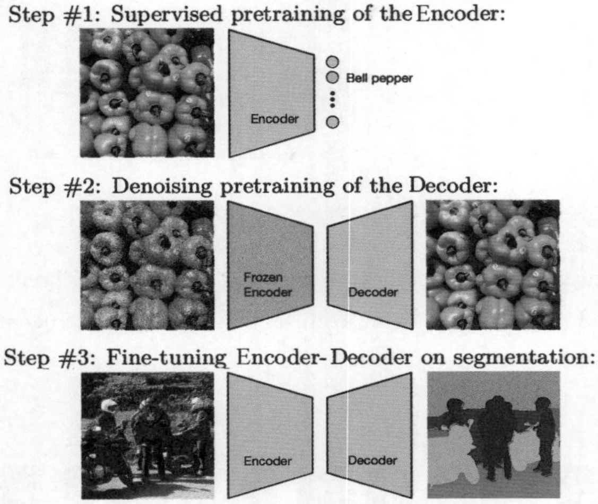

图 7-9 解码器去噪预训练的训练流程示意图

来源：Emmanuel Asiedu Brempong, Simon Kornblith, Ting Chen, Niki Parmar, Matthias Minderer, and Mohammad Norouzi. Denoising Pretraining for Semantic Segmentation. In IEEE Conference on Computer Vision and Pattern Recognition

7.2.3 视频生成

视频生成（Video Generation）是指使用计算机生成符合人类视觉感知的视频序列的技术。与传统的视频编码、解码技术不同，视频生成是一个较新的研究领域，主要应用于视频合成、视频增强、视频修复、视频预测等方面。

下面介绍几种常见的视频生成方法：

1. 基于光流的方法。这种方法通过计算相邻帧之间的光流信息来预测下一帧图像。其中，光流是指相邻帧之间像素位置变化的向量场，它可以描述像素点的运动轨迹。主要有 FlowNet、EpicFlow、PWC-Net 等。

2. 基于生成对抗网络的方法。这种方法通过训练一个生成器网络和一个判别器网络，使生成器网络能够生成逼真的视频。其中，生成器网络负责生成图像，判别器网络负责判断生成的图像是否真实。主要有 VGAN、TGAN、VidGAN 等。

3. 基于变分自编码器的方法。这种方法同样是通过训练一个生成器网络，使其能够生成逼真的视频。其中，生成器网络由编码器和解码器组成，编码器将输入视频编码成潜在向量，解码器将潜在向量解码成输出视频。主要有 V3D-VAE、ST-VAE 等。

4. 基于流形学习的方法。这种方法主要是通过对视频帧进行流形学习，构建视频帧的流形结构，然后使用流形结构来预测下一帧。主要有流形序列学习（Manifold Sequence Learning）、VideoLSTM 等。

5. 基于 Transformer 的方法。这种方法使用 Transformer 来学习视频序列中的空间和时间信息，并生成新的样本。基于 Transformer 的方法在视频生成领域相对较新，但已经取得了不错的结果。

基于扩散模型的视频生成

很多研究已经转向使用扩散模型来提高生成视频的质量，视频扩散模型（Video Diffusion Model，VDM）[93]使用 3D U-Net 作为去噪网络，整体沿用了 U-Net 的 U 形结构，并同时处理了时间和空间信息，如图 7-10 所示。图 7-11 是 VDM 基于文本生成视频的结果图。通过该结果图我们可以发现，VDM 生成视频的每一帧之间相似度很高，内容的复杂度相对较低。

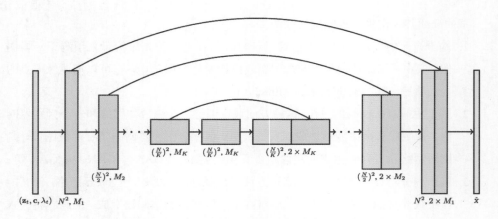

图 7-10　VDM 使用的 3D U-Net 去噪网络示意图

来源：Jonathan Ho, Tim Salimans, Alexey Gritsenko, William Chan, Mohammad Norouzi, and David J Fleet. Video Diffusion Models. arXiv preprint arXiv:2204.03458

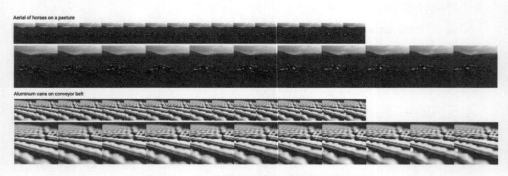

图 7-11　VDM 基于文本生成视频的结果图

来源：Jonathan Ho, Tim Salimans, Alexey Gritsenko, William Chan, Mohammad Norouzi, and David J Fleet. Video Diffusion Models. arXiv preprint arXiv:2204.03458

　　灵活扩散模型（Flexible Diffusion Model，FDM）[89]可以进行长视频的生成。如图 7-12 所示，FDM 训练框架采用 U 形结构和条件式扩散去噪的方法进行训练。它以某一帧为边界，随机对前半部分采样作为引导信息，然后使用扩散模型生成后半部分。如图 7-13 所示，FDM 可以生成较长的视频，并且内容相较于 VDM 会更加丰富。后面将介绍的 Imagen Video（一种文本-视频生成算法）则可以生成更高质量的视频。

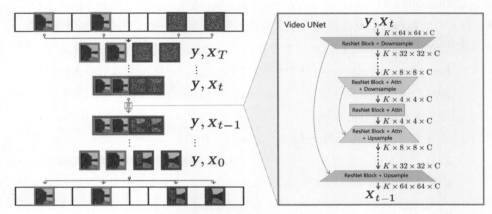

图 7-12　FDM 训练框架

来源：William Harvey, Saeid Naderiparizi, Vaden Masrani, Christian Weilbach, and Frank Wood. Flexible Diffusion Modeling of Long Videos. arXiv preprint arXiv:2205.11495

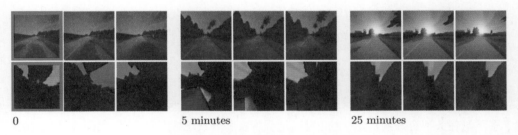

图 7-13　FDM 生成的不同时长的视频结果图

来源：William Harvey, Saeid Naderiparizi, Vaden Masrani, Christian Weilbach, and Frank Wood. Flexible Diffusion Modeling of Long Videos. arXiv preprint arXiv:2205.11495

7.2.4　点云补全和点云生成

点云补全（Point Cloud Completion）和点云生成（Point Cloud Generation）是计算机视觉领域中的两个重要任务，涉及从输入的点云数据中补全或生成缺失的点云。点云补全是指通过使用现有的部分点云数据，预测和生成丢失的点云数据，即根据给定的不完整的点云，寻找最佳的点云重建方案，以便在不失真的情况下，尽可能准确地表示原始物体的形状和结构。该方法可应用在 3D 建模、机器人视觉和自动驾驶等领域。点云生成是指直接从随机噪声中生成点云数据，即根据给定的随机向量生成点云，使其符合一定的分布和特征，如一个特定的物体类别。以下是一些常见的方法：

1. PointNet++。PointNet++是一个流行的点云处理框架，可以用于点云的分类、分割、重建和生成等任务。PointNet++使用深度学习方法，可以在不同的点云任务中取得良好的表现。

2. 点补全网络（Point Completion Network，PCN）。点补全网络是一种深度学习模型，用于点云重建。它使用了一个编码器-解码器结构，其中编码器将点云嵌入低维空间，然后解码器从该低维表示中生成完整的点云。

3. 占用网络（Occupancy Network）。占用网络是一种生成模型，可以从随机噪声中生成点云。该模型使用了一个体素网络，可以从潜在向量中生成 3D 模型，即可以用于自动 3D 模型的生成。

4. 点变换器（Point Transformer）。点变换器是一个点云处理框架，其使用了注意力机制来学习点之间的关系，可以用于点云分类、分割、重建和生成等任务。

5. 三维形状补全（3D Shape Completion）。三维形状补全是一种深度学习模型，可以用于点云重建和补全。

基于扩散模型的点云补全、点云生成

很多研究应用了扩散模型来完成点云补全和点云生成任务，这项类研究工作对许多下游任务都有影响，如三维重建、增强现实和场景理解[151, 155, 274]。Luo 等人在 2021 年[150]采取了如图 7-14 所示的框架图进行点云生成，其中，N 代表总的点云数量，Shape Latent 是点云数据扩散生成的引导信息，用归一化流对 Shape Latent 进行参数化建模，增强了表达能力，生成结果如图 7-15 所示。

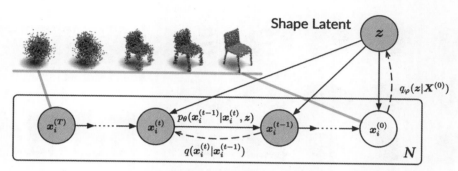

图 7-14 基于扩散模型的点云生成框架图

来源：Shitong Luo and Wei Hu. Diffusion Probabilistic Models for 3D Point Cloud Generation. In IEEE Conference on Computer Vision and Pattern Recognition

图 7-15 基于扩散模型的点云生成结果

来源：Shitong Luo and Wei Hu. Diffusion Probabilistic Models for 3D Point Cloud Generation. In IEEE Conference on Computer Vision and Pattern Recognition

如图 7-16 所示，点-体素扩散（Point-Voxel Diffusion，PVD）模型[286]将去噪扩散模型与三维视觉中的体素（Voxel）表示结合起来，结合体素表征来进行扩散生成。

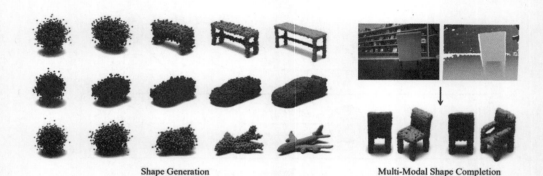

Shape Generation　　　　　　　　　　　　　**Multi-Modal Shape Completion**

图 7-16　PVD 结合体素表征来进行扩散生成

来源：Linqi Zhou, Yilun Du, and Jiajun Wu. 3D Shape Generation and Completion Through Point-Voxel Diffusion. In Proceedings of the IEEE/CVF International Conference on Computer Vision

点扩散修正（Point Diffusion-Refinement，PDR）模型[155]使用条件 DDPM，对部分观测数据进行粗略的补全，再通过一个优化网络去进一步提升补全结果。

7.2.5　异常检测

异常检测是一种计算机视觉任务，它的目标是在图像或视频中识别出不正常的图像区域。这种技术在许多领域中都有广泛的应用，例如，工业质量控制、安防监控、医疗影像等。以下是几种常用的异常检测方法：

1. 基于统计学的方法。这种方法假设正常的图像区域可以用统计学模型来描述，而异常区域则不符合该模型。例如，可以使用高斯分布模型来描述正常的图像区域，然后将所有与该模型不匹配的区域标记为异常区域。

2. 基于传统图像处理的方法。这种方法使用传统的图像处理算法提取图像中的特征，并利用这些特征判断是否存在异常。例如，可以使用边缘检测、纹理分析和形状分析等算法提取图像特征，然后使用分类器判断是否存在异常。

3. 基于深度学习的方法。深度学习技术已经在许多计算机视觉任务中取得了巨大成功，并逐渐被应用到异常检测领域。常用的深度学习技术包括自编码器、卷积神经网络和循环神经网络等都可以对图像或视频进行学习，然后通过对比学习到的特征与测试数据的特征判断是否存在异常。

基于扩散模型的异常检测

生成模型已被证明是异常检测方向的一类重要研究方法[70, 87, 252]，很多人已经开始利用扩散模型进行异常检测了。AnoDDPM[252]利用 DDPM 破坏输入图像并重建一个近似图像，该方法比基于对抗性训练的其他方法表现得更好，因为它可以通过有效的采样和稳定的训练方式更好地模拟较小的数据集。DDPM-CD[70]将大量无监督的遥感图像纳入 DDPM 的训练过程，然后使用预先训练好的、DDPM 中解码器的多尺度表征来进行遥感图像的异常检测。"Diffusion Models for Medical Anomaly Detection"这篇文章利用分类器的引导信息将异常图像转换成完整图像，图 7-17 展示的是基于扩散模型的异常检测训练框架，该方法在去噪过程中使用了分类器引导（classifier guidance）提升生成效果，通过原始输入和去噪图的差异获得异常值图。

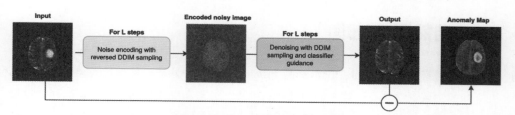

图 7-17　基于扩散模型的异常检测训练框架

来源：Julia Wolleb, Florentin Bieder, Robin Sandkühler, Philippe C. Cattin. Diffusion Models for Medical Anomaly Detection. arXiv preprint arXiv:2203.04306

图 7-18 展示的是异常检测结果对比图，其结果比之前基于 GAN 和 VAE 的结果要好。

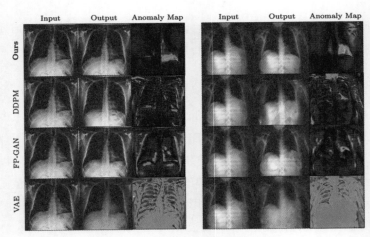

图 7-18 异常检测结果对比图

来源：Julia Wolleb, Florentin Bieder, Robin Sandkühler, Philippe C. Cattin. Diffusion Models for Medical Anomaly Detection. arXiv preprint arXiv:2203.04306

7.3 自然语言处理

自然语言处理（Natural Language Processing，NLP）是一种涉及人类语言与计算机交互的领域，它涉及计算机如何理解、生成、处理和操纵自然语言，从而使计算机能够更好地理解人类语言。自然语言处理是人工智能的重要领域之一，其包括语音识别、文本处理、自然语言生成、机器翻译等多个子领域。

语言模型是自然语言处理中的一种基础技术，其主要目的是预测文本中下一个单词或者下一段话出现的概率。语言模型在文本自动补全、机器翻译、语音识别等多个领域中都有着广泛应用。以下是部分语言模型的介绍：

1. n-gram 模型。这是语言模型中最简单、最基础的模型之一，其核心思想是给定一个单词序列，计算相邻的 n 个单词组成的 n-gram 的出现概率，并用这些概率值作为预测下一个单词的依据。n-gram 模型被广泛应用于文本分类、信息检索、语音识别等。

2. 神经网络语言模型。随着神经网络的发展，人们开始尝试使用神经网络来构建语言模型。早期的神经网络语言模型主要采用的是基于循环神经网络（RNN）

的模型，其中最著名的就是长短时记忆（LSTM）模型和门控循环单元（GRU）模型，这些模型可以有效地解决传统 *n*-gram 模型中的数据稀疏和长距离依赖问题。

3. 深度学习语言模型。深度学习语言模型采用了更深层的神经网络结构，如基于卷积神经网络（CNN）和变换器（Transformer）的语言模型。这些模型在文本生成和语音识别等任务中取得了显著的成果。其中 Transformer 由于其高效的并行计算能力和强大的上下文表示能力，成为当前最先进的语言模型之一。

4. 基于预训练的语言模型。基于预训练的语言模型是近年来最热门的研究方向之一。其基本思路是通过大规模的无监督语言数据预训练出一个通用的语言模型，然后再通过微调（Fine-Tuning）或者其他技术进行特定任务的微调，如 BERT、GPT 等。它们在自然语言处理中具有极高的性能，取得了极佳的效果，尤其在文本分类、情感分析、机器翻译等领域中具有非常广泛的应用。

这里详细介绍一下 BERT。BERT（Bidirectional Encoder Representations from Transformers）是一种基于 Transformer 的预训练语言模型，由 Google 在 2018 年发布。BERT 能够对一段文本进行深度理解，并输出对该文本的表示向量，使得该文本在向量空间上的距离能够反映其语义上的相似程度。BERT 是一种双向模型，即它能够同时考虑上下文的信息。传统的语言模型是单向的，只能在当前时刻之前的文本上进行预测，而 BERT 能够同时利用上下文信息，从而使得预测更加准确。BERT 的训练分为两个阶段：预训练阶段和微调阶段。在预训练阶段，BERT 使用大量未标注的文本数据训练语言模型。这些数据包括维基百科、Google Books 等大规模的文本数据。BERT 采用 MLM（Masked Language Model）和 NSP（Next Sentence Prediction）训练语言模型。MLM 的任务是将输入的句子中 15%的单词用掩码替换，然后让模型预测被替换的单词。NSP 的任务是让模型判断两个输入的句子是不是连续的。在微调阶段，BERT 将预训练好的模型用于具体的下游任务，如情感分析、文本分类、问答等。BERT 会根据不同任务，重新训练最后一层或几层网络，以适应不同的任务需求。

基于扩散模型的自然语言生成

许多基于扩散模型的方法已被开发出来用于文本生成。D3PM（Discrete Denoising Diffusion Probabilistic Model）[6]引入了类似扩散的生成性模型，用于字符级的文本生成[28]。它推广了原有的基于一致转移概率的加噪过程多项扩散模型[96]。基于自回归的大语言模型可以生成高质量的文本[18, 35, 185, 279]。为了在现实世界的应用中可靠地部署这些大语言模型，我们希望文本生成过程是可控的。这意味着我们需要生成的文本能够满足预期的要求（如主题、句法结构等）。但是为了不同生成需求而将模型进行重新训练的方式是非常浪费资源的，因此如何让模型具有可控性以应对不同任务是文本生成领域中一个重要问题。为了解决这个问题，Diffusion-LM[141]提出了一种基于连续向量空间的扩散模型，该模型使用了基于语法解析树做分类器的条件引导机制，能够更灵活、合理地将高斯噪声（Gaussian Noise）逐步去噪生成单词向量（Word Vectors），并解码成自然语言文本，如图 7-19 所示。Diffusion-LM 从一连串的高斯噪声向量开始，逐步将其去噪得到对应单词的向量。逐步去噪的步骤有助于产生分层的、连续的潜在变量。这种分层的、连续的潜在变量可以使简单的、基于梯度的方法完成复杂的控制。该方法在细粒度控制任务中取得了成功，与之前的方法相比，控制成功率翻了一番，无须像其他微调方法那样进行额外训练。

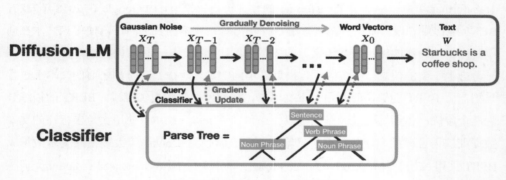

图 7-19　Diffusion-LM 框架图

来源：Xiang Lisa Li, John Thickstun, Ishaan Gulrajani, Percy Liang, and Tatsunori B Hashimoto. Diffusion-LM Improves Controllable Text.Generation. arXiv preprint arXiv:2205.14217

DiffuSeq[88]提出了新的基于扩散的非自回归语言模型来完成更具挑战性的序列到序列（Sequence-to-Sequence）的文本生成。后续的基于扩散模型的语言生成模型大多是基于上述框架改进的，并取得了良好的生成效果。DiffuSeq 还提供了扩散模型、自回归模型和非自回归模型的对比联系。该方法采用条件式扩散生成机制，将输入语境信息和待生成文本进行拼接，然后根据二者的语义关联进行去噪生成，如 7-20 所示。

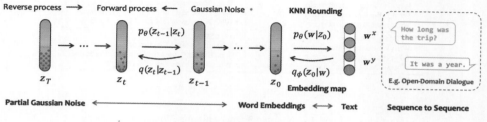

图 7-20　DiffuSeq 框架图

来源：Hansan Gong, Mukai Li, Jiangtao Feng, Zhiyong Wu, and Lingpeng Kong. DiffuSeq: Sequence to Sequence Text Generation with Diffusion.Models. arXiv preprint arXiv:2210.08933

图 7-21 是 DiffuSeq 在对话生成场景中的结果，其生成的回答更加多样化。

Utterance: How long does the dye last?	
Response: Just did this two days ago, not sure how it'll fade yet!	
GPVAE-T5	**NAR-LevT**
* I'm not sure, I'm not sure. I've tested it a few times, but I don't know for sure. I've	* half .
* I'm not sure. I'm not sure how long it lasts, I'm sure it'll get better. It's been a while since	* half .
* I've been using it for about a year and a half. I've been using it for about a year and a half.	* half .
GPT2-large finetune	**DIFFUSEQ**
* Two weeks in my case.	* About an hour, 5 days or so.
* I've had it for about a year.	* 4 days.
* The dye can sit around for a month then you can wash it.	* I'm not sure about this, about the same kind of time.

图 7-21　DiffuSeq 在对话生成场景中的结果

来源：Hansan Gong, Mukai Li, Jiangtao Feng, Zhiyong Wu, and Lingpeng Kong. DiffuSeq: Sequence to Sequence Text Generation with Diffusion.Models. arXiv preprint arXiv:2210.08933

图 7-22 是 DiffuSeq 在问题生成场景中的结果，其生成的问题更加丰富，也更符合陈述语义。

Statement: The Japanese yen is the official and only currency recognized in Japan. Question: What is the Japanese currency?	
GPVAE-T5	**NAR-LevT**
* What is the japanese currency * What is the japanese currency * What is the japanese currency	* What is the basic unit of currency for Japan ? * What is the basic unit of currency for Japan ? * What is the basic unit of currency for Japan ?
GPT2-large finetune	**DIFFUSEQ**
* What is the basic unit of currency for Japan? * What is the Japanese currency * What is the basic unit of currency for Japan?	* What is the Japanese currency * Which country uses the "yen yen" in currency * What is the basic unit of currency?

图 7-22 DiffuSeq 在问题生成场景中的结果

来源：Hansan Gong, Mukai Li, Jiangtao Feng, Zhiyong Wu, and Lingpeng Kong. DiffuSeq: Sequence to Sequence Text Generation with Diffusion.Models. arXiv preprint arXiv:2210.08933

图 7-23 是 DiffuSeq 在文本简化场景中的结果，其生成出来的文本更符合语义，也更简洁。

Complex sentence: People can experience loneliness for many reasons, and many life events may cause it, such as a lack of friendship relations during childhood and adolescence, or the physical absence of meaningful people around a person. Simplified: One cause of loneliness is a lack of friends during childhood and teenage years.	
GPVAE-T5	**NAR-LevT**
* People can experience loneliness for many reasons, and many life events may cause it, such as a lack of friendship relations during childhood and adolescence, or the physical absence of meaningful people around a person	* People may experience reashapphapphapphapphapphappabout life reasit.
* People can experience loneliness for many reasons, and many life events may cause it, such as a lack of friendship relations during childhood and adolescence, or the physical absence of meaningful people around a person	* People may experience reashapphapphapphapphapphappabout life reasit.
* People can experience loneliness for many reasons, and many life events may cause it, such as a lack of friendship relations during childhood and adolescence, or the physical absence of meaningful people around a person	* People may experience reashapphapphapphapphapphappabout life reasit.
GPT2-large finetune	**DIFFUSEQ**
* Loneliness can be caused by many things.	* Many life events may cause of loneliness
* Loneliness can affect people in many ways.	* People can also be very experience loneliness for many reasons.
* Loneliness can be caused by many things.	* People can experience loneliness for many reasons, and many life events may, cause it.

图 7-23 DiffuSeq 在文本简化场景中的结果

来源：Hansan Gong, Mukai Li, Jiangtao Feng, Zhiyong Wu, and Lingpeng Kong. DiffuSeq: Sequence to Sequence Text Generation with Diffusion.Models. arXiv preprint arXiv:2210.08933

7.4　时间数据建模

7.4.1　时间序列插补

时间序列插补（Time Series Imputation）是指在时间序列中出现缺失值时，通过一些算法估计缺失值的方法[213, 229, 269]。在实际的时间序列应用中[60, 173, 265, 280]，缺失数据的问题往往是非常普遍的，因此时间序列插补是时间序列处理的重要一环。以下是一些常用的时间序列插补（插值）方法：

1. 线性插值（Linear Interpolation）。在缺失值两侧的已有数据之间做线性插值，即假设数据在这两点之间是均匀变化的，然后用线性函数连接这两点。

2. 拉格朗日插值（Lagrange Interpolation）。在缺失值周围找到一些相邻数据点，利用这些点计算一个插值多项式，并使用该多项式估计缺失值。

3. 平滑插值（Spline Interpolation）。与拉格朗日插值类似，但是插值函数使用分段连续的二次或三次函数进行拟合。

4. k-最近邻插补（k-Nearest Neighbor Imputation）。通过选择最接近缺失值的 k 个相邻数据点的均值或中位数估计缺失值。

5. 基于模型的插补（Model-Based Imputation）。利用已知数据的模型估计缺失值，包括自回归模型、ARIMA 模型、VAR 模型等。

6. 矩阵分解（Matrix Factorization）。将时间序列数据转化为矩阵，然后利用矩阵分解算法（如奇异值分解、主成分分析等）估计缺失值。

7. 基于深度学习的插补（Deep Learning Based Imputation）。使用深度学习模型（如循环神经网络、长短时记忆等）来学习时间序列的模式，并根据已有数据估计缺失值。

基于扩散模型的时间序列插补

近年来，确定性插补方法[23, 27, 154]和概率插补方法[65]都得到了极大的发展，其中就有基于扩散模型的方法。CSDI[230]利用基于分数的扩散模型，提出了一种新的时间序列插补方法。为了有效挖掘时间序列数据中的时序相关性，并利用这种相关性进行生成式建模，该方法采用了自监督的训练形式来优化扩散模型。如图 7-24 所示，CSDI 在部分已知时间序列数据的基础上，使用扩散模型逐步恢复出缺失的时序信号。Conditional observations 和 Imputation targets 分别是输入的条件信号和待填补的目标时间序列片段。

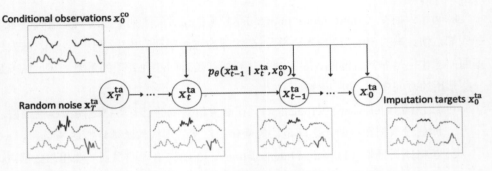

图 7-24　CSDI 进行时间序列插补的流程示意图

来源：Yusuke Tashiro, Jiaming Song, Yang Song, and Stefano Ermon. CSDI: Conditional Score-Based Diffusion Models for Probabilistic Time Series Imputation. In Advances in Neural Information Processing Systems

图 7-25 是 CSDI 训练框架图，通过使正向加上的噪声和反向预测的噪声值最小化（minimize）从而进行去噪生成。它在训练时，随机遮掩（mask）掉一部分数据，用剩余的数据作为引导信息，然后在训练去噪网络时，CSDI 基于 Transformer 建立了预测时序和条件时序之间的关联模型，并且关注了多变量时间序列数据中不同通道之间的关联。实验结果显示，它在一些真实世界的数据集上的应用比以前的方法更有优势。

SSSD（Structured State Space Diffusion）[1]整合了条件扩散模型和结构化状态空间模型[82]，以捕捉时间序列中的长期依赖，该模型在时间序列插补和预测任务中都表现良好。

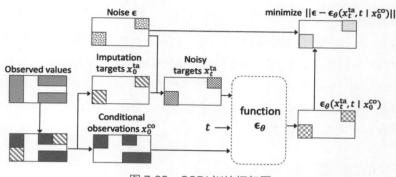

图 7-25　CSDI 训练框架图

来源：Yusuke Tashiro, Jiaming Song, Yang Song, and Stefano Ermon. CSDI: Conditional Score-Based Diffusion Models for Probabilistic Time Series Imputation. In Advances in Neural Information Processing Systems

7.4.2　时间序列预测

时间序列预测（Time Series Forecasting）是指在已有的历史数据基础上，通过一些算法预测未来一段时间内的时间序列值。时间序列预测是时间序列分析的核心内容，其广泛应用于经济、金融、工业、社会等各个领域。以下是一些常用的时间序列预测的方法、模型：

1. 移动平均法（Moving Average），指利用时间序列的平均值进行预测，一般使用简单移动平均、加权移动平均等方法。
2. 指数平滑法（Exponential Smoothing），指利用时间序列的平滑值进行预测，一般使用单指数平滑、双指数平滑、三指数平滑等方法。
3. ARIMA（Autoregressive Integrated Moving Average）模型，是一种经典的时间序列预测模型。通过时间序列的自回归、差分和移动平均这 3 个步骤建立模型，具有良好的拟合能力。
4. SARIMA（Seasonal ARIMA）模型，指在 ARIMA 模型的基础上，考虑季节性因素的影响，通过对时间序列进行季节性差分和季节性自回归建立模型。
5. VAR（Vector Autoregression）模型，指将多个时间序列变量视为一个整体来建立模型，通过对各个时间序列之间的关系建立模型，能够较好地反映不同变量之间的相互作用。

6. 预测（Prophet）模型，是由 Facebook 公司开发的一种时间序列预测模型，能够自动处理季节、节假日等因素，并且具有较好的可解释性。

7. 深度学习（Deep Learning）模型，如循环神经网络（RNN）、长短时记忆（LSTM）、卷积神经网络（CNN）等，这些模型能够自动提取时间序列数据中的特征，具有很强的非线性建模能力。

基于扩散模型的时间序列预测

深度学习的方法可用于解决时间序列预测问题，主要有单点预测方法 [172]或单变量概率方法[205]。在多变量预测问题中，也有相应的点预测方法[140]及概率方法，涉及 GAN[271]或归一化流[192]等生成方法，也有人将生成模型中的扩散模型应用到时间序列预测任务里。TimeGrad[191]就提出了一个自回归模型预测多元时间序列的方法，即通过从每个时间序列中估计样本分布的梯度来从数据分布中采样，利用扩散概率模型进行模型搭建。这一方法与分数匹配模型和基于能量的模型密切相关。具体来说，它通过优化数据似然的变分界来学习梯度，在推理阶段使用朗之万采样，并通过马尔可夫链将白噪声转换为目标数据分布中的样本[220]，图 7-26 为 TimeGrad 时间序列预测的结果。

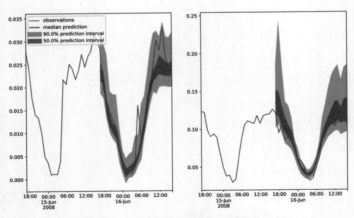

图 7-26　TimeGrad 时间序列预测的结果

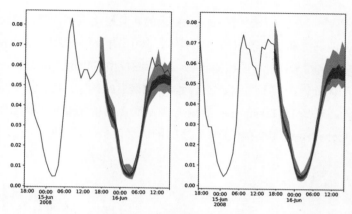

图 7-26 TimeGrad 时间序列预测的结果（续图）

来源：Kashif Rasul, Calvin Seward, Ingmar Schuster, and Roland Vollgraf. Autoregressive Denoising Diffusion Models for Multivariate Probabilistic Time Series Forecasting. In International Conference on Machine Learning

7.5 多模态学习

7.5.1 文本到图像的生成

文本到图像的生成（又称"文生图"）是一种将自然语言文本描述转换为图像的技术[57, 116, 235]。它可以帮助我们在没有实际图像数据的情况下，生成逼真的图像，以满足各种需求。该技术是深度学习中的一种应用，也是计算机视觉和自然语言处理领域的交叉学科。下面介绍几个除扩散模型外的文生图算法：

1. DALL·E 2[299]是 OpenAI 提出的一种基于 Transformer 的图像生成模型，它能够生成符合自然语言描述的图像。DALL·E 2 基于 GPT-3 的预训练模型，使用了类似于 Transformer 的编码器-解码器结构，可以根据自然语言描述生成图像。DALL·E 2 的输入是自然语言描述，比如"一只蜜蜂在棕色的花朵上面"，输出是对应的图像。在生成图像时，DALL·E 2 的输入不仅可以包含文本，还可以包含一些标志，如颜色、大小、数量等信息，以便更精确地生成符合要求的图像。

2. Parti[300]是一个由 Google Research 提出的两阶段文生图模型，包含一阶段图像分词器的训练和二阶段自回归的训练，其中图像分词器是由以 Transformer 为基础的 VQGAN 模型训练得到的，自回归模型可以用文本分词作为引导信息生成图像分词，再通过图像逆分词器生成最后的图像。整个模型框架如图 7-27 所示，通过基于 Transformer 的编码器-解码器结构完成文本到图像的生成。该模型充分利用并对齐了不同模态之间的语义信息，从而使生成的图像内容更丰富。

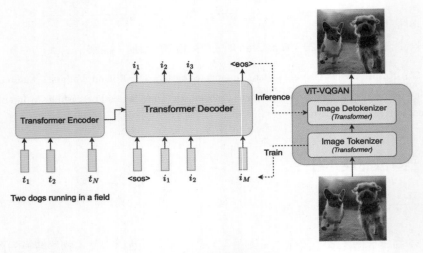

图 7-27　Parti 框架示意图

来源：Jiahui Yu, Yuanzhong Xu, Jing Yu Koh, Thang Luong, Gunjan Baid, Zirui Wang, Vijay Vasudevan, Alexander Ku, Yinfei Yang, Burcu Karagol Ayan, Ben Hutchinson, Wei Han, Zarana Parekh, Xin Li, Han Zhang, Jason Baldridge, Yonghui Wu. Scaling Autoregressive Models for Content-Rich Text-to-Image Generation. arXiv preprint arXiv:2206.10789

Muse[301]是 Google Research 提出的一种基于生成式预训练变换模型的文生图算法，相较于 Parti 的自回归解码方式，Muse 采用了并行解码，大大提升了模型的效率。此外，Muse 还使用了预训练的大语言模型，这提升了模型对细粒度语句的理解能力。Muse 的训练框架如图 7-28 所示，该算法通过生成式预训练变换的方式在不同分辨率下对图像和文本语义进行对齐，即通过文本提示（Text Prompt）对被掩码的图像特征进行重建。Muse 还采用了多层次重建的训练方式，让生成的图像质量更高、更清晰。

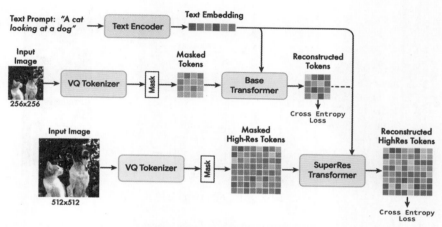

图 7-28　Muse 训练框架图

来源：Huiwen Chang, Han Zhang, Jarred Barber, AJ Maschinot, Jose Lezama, Lu Jiang, Ming-Hsuan Yang, Kevin Murphy, William T. Freeman, Michael Rubinstein, Yuanzhen Li, Dilip Krishnan.Muse: Text-To-Image Generation via Masked Generative Transformers. arXiv preprint arXiv:2301.00704

基于扩散模型的文本到图像的生成

文本到图像的生成是一个非常有挑战性的领域，目前还存在一些问题，如生成的图像不够清晰或者不够自然等。Blended Diffusion[7]利用了预训练的 DDPM[49]和 CLIP[184]模型，提出了一种基于文本引导的带有目标区域块的图像编辑解决方案。VQ-Diffusion[83]提出了用离散的基于图像分词进行扩散的生成模型来实现文生图的方法。unCLIP[186]提出了将三阶段的训练方法用于文生图场景。unCLIP 框架图如图 7-29 所示，虚线以上部分是训练文本图像 CLIP 模型，虚线以下部分是训练潜在空间先验模型和图像解码器。第一阶段是训练 CLIP 模型，为了能够将文和图映射到语义一致的特征空间；第二阶段是训练一个先验模型，可以根据时间嵌入生成符合 CLIP 语义的图片嵌入，该研究尝试了两种先验模型：自回归式模型和扩散模型，从实验效果上看两种模型的性能相似，但扩散模型效率更高，所以最终选择了扩散模型作为优先模型；第三阶段是训练一个基于图像嵌入生成真实图像的图像解码器。DALL·E 2 的 unCLIP 生成结果如图 7-30 所示。

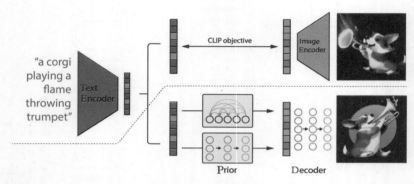

图 7-29　unCLIP 框架图

来源：Aditya Ramesh, Prafulla Dhariwal, Alex Nichol, Casey Chu, and Mark Chen. Hierarchical Text-Conditional Image Generation with Clip Latents. arXiv preprint arXiv:2204.06125

a photo of a cat → an anime drawing of a super saiyan cat, artstation

a photo of a victorian house → a photo of a modern house

a photo of an adult lion → a photo of lion cub

图 7-30　unCLIP 生成结果图

来源：Aditya Ramesh, Prafulla Dhariwal, Alex Nichol, Casey Chu, and Mark Chen. Hierarchical Text-Conditional Image Generation with Clip Latents. arXiv preprint arXiv:2204.06125

　　Imagen[201]的作者发现使用大型的预训练语言模型可以大大增强文生图的效果，并且增大语言模型的规模比增大图像扩散模型的规模更加有效，实验表明 Imagen 可以和最先进的方法如 VQGAN+CLIP[41]、LDM[198]和 DALL·E 2[186]媲美。GLIDE[167]的作者首先回顾了基于 Class-Guided、Classifier-Free，还有 CLIP-Guided 的扩散模型，然后提出了用噪声感知的 CLIP 进行引导，让引导信息更加符合条件扩散的实际训练过程的方法。图 7-31 是 GLIDE 基于文本生成图像的结果。

"an illustration of a cat that has eight legs"　　"a bicycle that has continuous tracks instead of wheels"　　"a mouse hunting a lion"　　"a car with triangular wheels"

图 7-31　GLIDE 基于文本生成图像的结果

来源：Alexander Quinn Nichol, Prafulla Dhariwal, Aditya Ramesh, Pranav Shyam, Pamela Mishkin, Bob Mcgrew, Ilya Sutskever, and Mark Chen. GLIDE: Towards Photorealistic Image Generation and Editing with Text-Guided Diffusion Models. In International Conference on Machine Learning

　　UniDiffuser[302]的作者提出了用统一的基于 Transformer 的扩散模型框架，拟合多模态数据分布，并同时完成文本到图像、图像到文本的联合生成任务的方法。如图 7-32 所示，UniDiffuser 可以处理不同的生成任务，不仅包含单模态文本和图像生成，还包含跨模态文本和图像的互相生成。

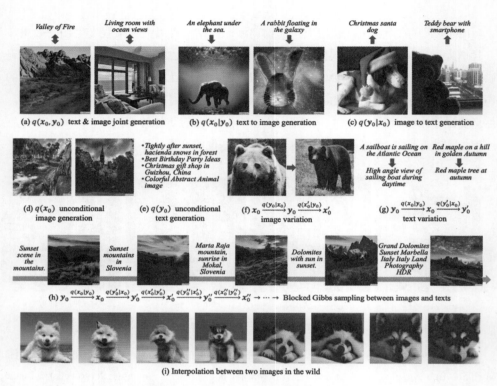

图 7-32 UniDiffuser 可以处理不同的生成任务

来源：Fan Bao, Shen Nie, Kaiwen Xue, Chongxuan Li, Shi Pu, Yaole Wang, Gang Yue, Yue Cao, Hang Su, Jun Zhu. One Transformer Fits All Distributions in Multi-Modal Diffusion at Scale. arXiv preprint arXiv:2303.06555

图 7-33 是 UniDiffuser 的框架图，该方法先利用 CLIP、GPT-2 等预训练模型将输入映射到潜在空间，然后在潜在空间上进行扩散模型的训练，其使用的是基于 Transformer 的去噪网络。在输入扩散模型前，图像和文本都会被预训练过的编码器（图像编码器使用自编码器训练，文本编码器使用 GPT 训练）映射到特征空间中。然后，将图像和文本的嵌入拼在一起，并添加控制不同模态生成的条件向量进行去噪生成。

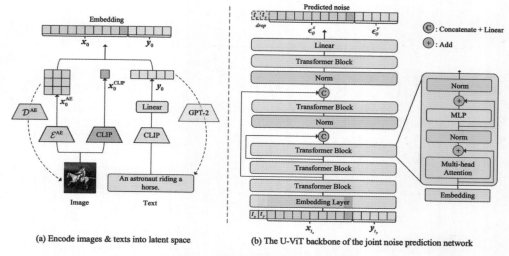

(a) Encode images & texts into latent space   (b) The U-ViT backbone of the joint noise prediction network

图 7-33   UniDiffuser 框架图

来源：Fan Bao, Shen Nie, Kaiwen Xue, Chongxuan Li, Shi Pu, Yaole Wang, Gang Yue, Yue Cao, Hang Su, Jun Zhu. One Transformer Fits All Distributions in Multi-Modal Diffusion at Scale. arXiv preprint arXiv:2303.06555

ControlNet

不同于那些以文本提示为条件的图像扩散模型，ControlNet[303]试图控制预训练的大型扩散模型，以支持额外的语义映射，如边缘映射、分割映射、关键点、形状法线、深度等。如图 7-34 所示，左边是参数被冻结的 Stable Diffusion 模型，右边蓝色的部分是 ControlNet 中需要训练的条件网络结构，该条件模块接收各种提示（Prompt），以及用时间作为条件控制 Stable Diffusion 的采样生成过程。ControlNet 的作者建议利用预训练扩散模型的"可训练副本"来避免过度拟合。可训练副本和原始冻结模型通过一种特殊的卷积层"零卷积"相连，其中卷积权重是可学习的，并初始化为零，这样它就不会向深层特征中添加新的噪声了。

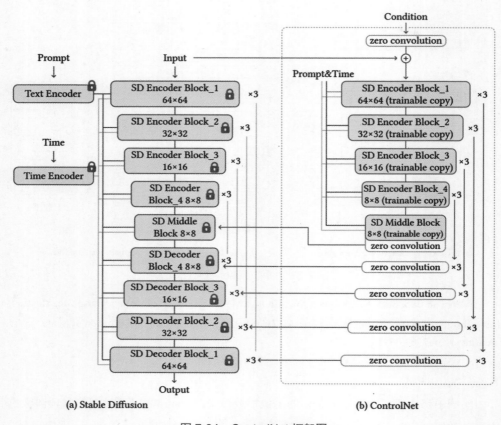

图 7-34　ControlNet 框架图

来源：Lvmin Zhang, Maneesh Agrawala. Adding Conditional Control to Text-to-Image Diffusion Models. arXiv preprint arXiv:2302.05543

ControlNet 的生成结果如图 7-35 所示，输入为线图、文本提示和默认的图像，模型会对原图做相应的修改，"Automatic Prompt"和"User Prompt"分别为模型和人为定义的文本提示。

图 7-35　ControlNet 的生成结果

来源：Lvmin Zhang, Maneesh Agrawala. Adding Conditional Control to Text-to-Image Diffusion Models. arXiv preprint arXiv:2302.05543

7.5.2　文本到音频的生成

TTS（Text-to-Speech）是一种将文本转换成音频的技术，使得计算机可以像人类一样朗读文本。它是语音合成技术的一种应用，通常用于自动语音提示、无人值守电话系统、电子书阅读器等领域。下面是一些常用的 TTS 算法：

1. 基于拼音的合成算法。这种算法是将输入的文本转换为拼音，然后使用语音库中的拼音对应的音频片段来合成语音。这种算法的优点是准确度高且不需要录制大量的语音库。缺点是生成的语音听起来比较机械化。

2. 隐马尔可夫模型算法。这种算法是根据输入文本的音素序列来合成语音的。它基于一个包含多个状态的马尔可夫链，通过使用语音库中的音素对应的音频片段生成语音。这种算法可以生成较为自然的语音，但是需要大量的训练数据和计算资源。

3. 端到端学习算法。这种算法是使用深度神经网络来直接将输入的文本转换为音频信号。该算法可以生成非常自然的语音，但是需要大量的训练数据和计算资源。

基于扩散模型的文本到音频的生成

Grad-TTS[180]是一种新颖的文本到音频生成模型，具有基于分数的解码器，通过逐渐转换编码器预测的噪声，单调对齐搜索（Monotonic Alignment Search）[183]，使其进一步与输入文本对齐，从而生成音频。Grad-TTS2[119]以自适应的方式改进了Grad-TTS。Grad-TTS 的前向流程如图 7-36 所示，该方式采用 U-Net 的网络架构和 ODE 求解器进行音频的解码。

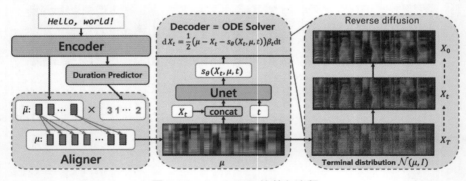

图 7-36　Grad-TTS 的前向流程

来源：Vadim Popov, Ivan Vovk, Vladimir Gogoryan, Tasnima Sadekova, and Mikhail Kudinov. Grad-TTS: A Diffusion Probabilistic Model for Text-to-Speech. In International Conference on Machine Learning

Diffsound[261]提出了基于离散扩散模型[6, 215]的非自回归解码器，可在每个步骤中预测所有梅尔频谱标记，然后在接下来的步骤中改进预测的标记。EdiTTS[228]是基于分数的文本到音频生成模型，可用来修改、细化粗糙的梅尔频谱图。ProDiff[99]通过直接预测原始数据使去噪扩散模型参数化，而不是估计数据密度的梯度。

7.5.3　场景图到图像的生成

尽管文生图模型已经取得了突破性进展，并使得生成的图像能够准确反映输入的文本语义，但它们往往难以忠实地再现具有多个对象和关系的复杂句子。由场景图生成图像是生成模型的重要且具有挑战性的任务。传统方法主要是从场景图中预测出类似于图像的布局，然后根据布局生成图像。然而，这种中间表示会丢失场景图中的一些语义，大部分扩散模型也无法解决这个问题。SGDiff[304]是第一个专门用于由场景图生成图像的扩散模型，即通过学习连续的场景图嵌入来调节潜在的扩散模型。该嵌入通过设计的掩码对比度预训练，在全局和局部上进行了语义对齐。

如图 7-37 所示，该方法先用对比学习和掩码自编码学习将场景图和图像在语义空间进行对齐，然后将对齐后的场景图的 Prompt 输入扩散模型以进行局部和全局都可控的图像生成。

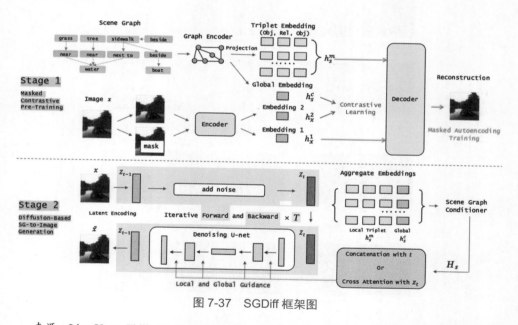

图 7-37　SGDiff 框架图

来源：Ling Yang, Zhilin Huang, Yang Song, Shenda Hong, Guohao Li, Wentao Zhang, Bin Cui, Bernard Ghanem, Ming-Hsuan Yang. Diffusion-Based Scene Graph to Image Generation with Masked Contrastive Pre-Training. arXiv preprint arXiv:2211.11138

图 7-38 为 SGDiff 生成的结果图。与非扩散和扩散方法相比，SGDiff 可以生成更好的、表达场景图中密集和复杂关系的图像。然而，高质量的配对场景图-图像数据集很少且规模较小。如何利用大规模的文本-图像数据集来增强训练或提供更好的语义扩散先验以进行更好的初始化，仍然是一个未解决的问题。

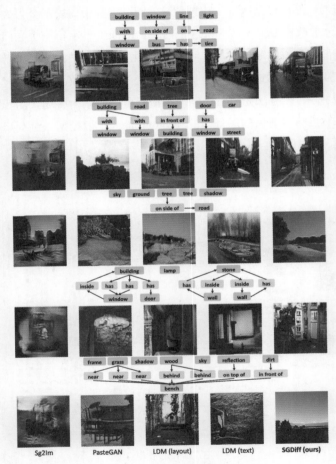

图 7-38　SGDiff 生成的结果图

来源：Ling Yang, Zhilin Huang, Yang Song, Shenda Hong, Guohao Li, Wentao Zhang, Bin Cui, Bernard Ghanem, Ming-Hsuan Yang. Diffusion-Based Scene Graph to Image Generation with Masked Contrastive Pre-Training. arXiv preprint arXiv:2211.11138

7.5.4　文本到 3D 内容的生成

3D 内容生成一直是各种应用程序的需求,应用领域包括游戏、娱乐和机器人模拟等。将自然语言与 3D 内容生成相结合,对于初学者和有经验的艺术家都大有裨益。DreamFusion[327]采用"预训练的文本到 2D 图像扩散模型"来执行文本到 3D 内容的生成。它通过概率密度蒸馏损失对随机初始化的 3D 模型(神经辐射场或 NeRF)进行优化,该损失充分利用了 2D 扩散模型作为参数图像生成器的优化先验。为了高效地优化 NeRF,Magic3D[305]提出了一个基于级联"低分辨率图像扩散先验"和"高分辨率潜在扩散先验"的两阶段扩散框架。图 7-39 为 Magic3D[305]基于文本进行 3D 内容生成的结果图。和 DreamFusion 相比,Margic3D 的效果更好。

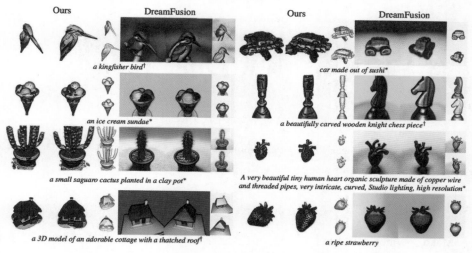

图 7-39　Magic3D 基于文本进行 3D 内容生成的结果图

来源:Chen-Hsuan Lin, Jun Gao, Luming Tang, Towaki Takikawa, Xiaohui Zeng, Xun Huang, Karsten Kreis, Sanja Fidler, Ming-Yu Liu, Tsung-Yi Lin. Magic3D: High-Resolution Text-to-3D Content Creation. arXiv preprint arXiv:2211.10440

7.5.5　文本到人体动作的生成

人体动作生成是计算机动画中的基本任务,其应用范围涵盖游戏和机器人学[322]。生成的运动通常是由关节旋转和位置表示的一系列人体姿势。MDM(Motion Diffusion

Model）[306]采用一种无分类器扩散模型来适应人体动作生成，如图 7-40 所示。该模型基于 Transformer，结合了运动生成文献的见解，并通过对运动位置和速度的几何损失使模型规范化。FLAME[307]采用基于 Transformer 的扩散来更好地处理运动数据，它可以处理变长的运动，并很好地关注自由形式文本。值得注意的是，它可以对运动的部分进行编辑，而无须进行任何包括逐帧和关节的微调。

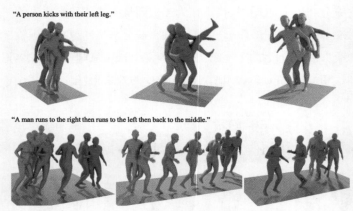

图 7-40　MDM 基于文本生成人体动作示意图

来源：Guy Tevet, Sigal Raab, Brian Gordon, Yonatan Shafir, Daniel Cohen-Or, Amit H. Bermano. Human Motion Diffusion Model. arXiv preprint arXiv:2209.14916

7.5.6　文本到视频的生成

Make-A-Video[308]通过时空分解扩散模型将文本转为视频，从而扩展了基于扩散的文本到图像模型。它利用联合文本-图像先验来避免需要成对的文本-视频数据，并进一步提出了高清晰度、高帧率的文本到视频的生成策略。Imagen Video[309]通过级联视频扩散模型生成高清晰度的视频，并将从文本到图像的生成中表现良好的一些方法应用到视频生成中，包括冻结的 T5 文本编码器和无分类器的指导方法。FateZero[310]是第一个利用"预训练的文本到图像扩散模型"实现时间一致的、零样本的从文本到视频编辑的框架。它将 DDIM 反演和生成过程中的、基于注意力的特征图融合起来，以便最大程度地保持编辑过程中动作和结构的一致性。Imagen Video 基于文本生成视频的结果如图 7-41 所示。

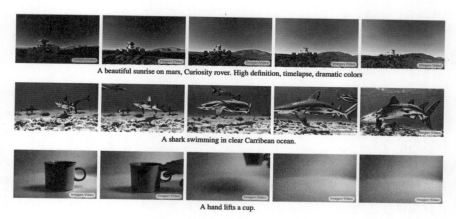

图 7-41　Imagen Video 进行文本到视频生成

来源：Jonathan Ho, William Chan, Chitwan Saharia, Jay Whang, Ruiqi Gao, Alexey Gritsenko, Diederik P. Kingma, Ben Poole, Mohammad Norouzi, David J. Fleet, Tim Salimans. High Definition Video Generation with Diffusion Models. arXiv preprint arXiv:2210.02303

FateZero 基于文本进行视频编辑的结果如图 7-42 所示，红色文字为编辑文字提示。

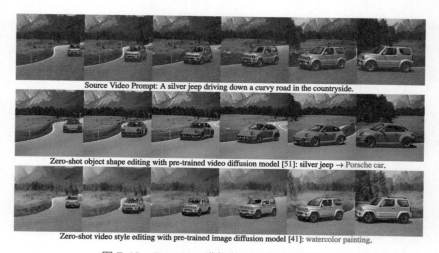

图 7-42　FateZero 进行基于文本的视频编辑

来源：Chenyang Qi, Xiaodong Cun, Yong Zhang, Chenyang Lei, Xintao Wang, Ying Shan, Qifeng Chen. FateZero: Fusing Attentions for Zero-shot Text-Based Video Editing. arXiv preprint arXiv:2303.09535

7.6　鲁棒学习

鲁棒学习（Robust Learning）是一种强调在面对噪声、异常值和数据分布偏移等"干扰"的情况下，仍能保持预测准确性和稳定性的机器学习方法。在实际场景中，由于数据收集和处理的误差，以及外界干扰等因素，训练数据往往包含噪声、异常值和数据分布偏移等"干扰"，这些干扰因素会对传统的机器学习算法产生负面影响，导致模型性能下降。鲁棒学习是一种非常重要的机器学习技术，它可以提高模型的稳定性，使得模型更加适应实际场景中的数据干扰和噪声[16, 168, 179, 240, 248, 270]。虽然对抗性训练[157]被视为一种对图像分类器的攻击的标准防御方法，但是对抗性净化已显示出显著的性能，可以替代对抗性训练[270]，它使用独立的净化模型将受攻击的图像净化为干净的图像。给定一个对抗样本，DiffPure[168]基于前向扩散过程，使用少量噪声进行扩散，然后通过逆向生成过程恢复干净的图像。ADP（Adaptive Denoising Purification）[270]证明了经过降噪分数匹配训练的 EBM[238]可以在几步之内有效地净化受攻击的图像，并进一步提出了一种有效的随机净化方案，即在净化前将随机噪声注入图像中。PGD（Projected Gradient Descent）[16]是一种新颖的基于随机扩散的预处理方法，旨在成为与模型无关的对抗防御方法，并产生高质量的去噪结果。此外，一些人建议将引导扩散过程应用于更高级的对抗性纯化[240, 248]。

7.7　跨学科应用

7.7.1　人工智能药物研发

人工智能药物研发是指利用人工智能技术研发新药物的过程和方法。人工智能技术可以用于药物研发的不同阶段，包括药物发现、分子设计、药效预测、毒性评估等，可以加速药物研发的过程、提高药物的效力和安全性。下面介绍几种常见的与人工智能药物研发相关的算法。

1. 基于深度学习的分子性质预测和新分子生成算法，指通过利用神经网络模型学习大量分子数据在保证分子稳定性和活性的前提下，生成新的药物分子，并预测新分子的药效和毒副作用等，以此减少新药物的研发时间和成本的算法。
JT-VAE[311]是 MIT 早期用 VAE 网络对分子数据进行学习生成的框架，该框架
结合了图神经网络和基于树结构的分解范式，以完成对分子的建模学习。如图
7-43 所示，JT-VAE 遵循了 VAE 的大致范式，在训练时分子（Molecule）会同
时通过左边的分子图网络和右边的树编码网络，最后还原出分子。

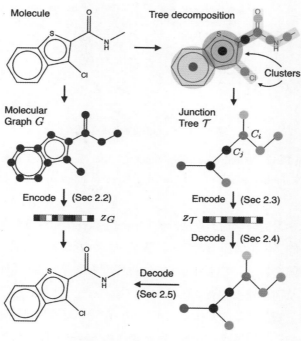

图 7-43　JT-VAE 框架图

来源：Wengong Jin, Regina Barzilay, Tommi Jaakkola. Junction Tree Variational Auto-Encoder
for Molecular Graph Generation.In International conference on machine learning

2022 年出现了基于靶点蛋白生成药物分子的方法 Pocket2Mol，该方法以靶点蛋
白的口袋为起点，以自回归的方式逐步生成具有高结合性、高成药性的小分子。图 7-44
为 Pocket2Mol 框架图[312]，该方法会根据靶点蛋白（Protein）一步步生成高结合度的
小分子结构。

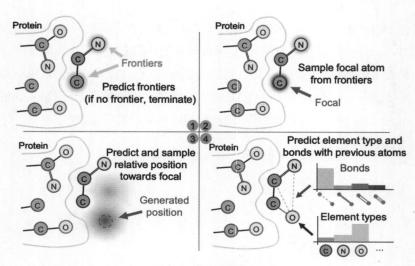

图 7-44　Pocket2Mol 框架图

来源：Xingang Peng, Shitong Luo, Jiaqi Guan, Qi Xie, Jian Peng, Jianzhu Ma. Pocket2Mol: Efficient Molecular Sampling Based on 3D Protein Pockets.In International Conference on Machine Learning

2. 基于强化学习的药物筛选算法。药物筛选是指在大量候选药物中寻找具有治疗效果的药物。传统的药物筛选方法需要进行大量试验，费时费力。基于强化学习的药物筛选算法，可以利用智能体在环境中进行试验，并通过学习来调整试验策略，从而快速找到有效的药物。

3. 基于网络分析的药物相互作用预测算法。药物相互作用是指不同药物之间产生的相互影响，包括增强、减弱、拮抗等作用。基于网络分析的药物相互作用预测算法可以利用复杂网络模型，对大量的药物相互作用关系进行建模和分析，预测不同药物之间的相互作用和可能产生的毒副作用等。

4. 基于机器学习的药物剂量预测算法。药物剂量是指在治疗中使用药物的数量和频率，药物剂量过低可能导致治疗效果不佳，剂量过高可能产生毒副作用。基于机器学习的药物剂量预测算法可以利用大量的患者数据和药物剂量信息，学习药物的药效和剂量关系，从而快速预测新药物的最佳剂量。

基于扩散模型的分子/蛋白质生成

图神经网络（Graph Neural Network，GNN）[85, 251, 266, 285]和相应的图表征学习[86]技术在许多领域如分子图建模，取得了巨大成功[14, 231, 250, 258, 264, 288]。在分子属性预测[59, 71]、分子生成[105, 111, 152, 211]等各项任务中，分子可以很自然地用节点-边形式的图进行表示。很多研究者将分子图生成与扩散模型相结合，以增强对分子图的建模能力。在药物研发领域，AI 需要处理药物小分子和蛋白质这些带有几何特征的图。在这个图中包含了原子的一些内在特征，另外我们还需要考虑到每个原子在空间的三维坐标这个几何特征。不同于一般特征，这些几何特征往往都具备一些对称性和等变性。等变图神经网络模型对这类等变、对称性的特征可以很好地建模。GeoDiff[259]证明了用等变马尔可夫核演化的马尔可夫链可以产生置换不变的分子数据分布，进一步为逆向转移核设计了神经网络，使神经网络参数化，以此保证生成分子图需要的等变性。图 7-45 为 GeoDiff 框架图[259]，即基于 2D 分子图逐步去噪生成 3D 化合物。如给定了 2D 分子图，则 Geodiff 可以用扩散过程逐步生成对应的 3D 分子化合物。

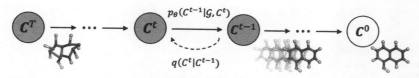

图 7-45　GeoDiff 框架图

来源：Minkai Xu, Lantao Yu, Yang Song, Chence Shi, Stefano Ermon, and Jian Tang. GeoDiff: A Geometric Diffusion Model for Molecular Conformation Generation. In International Conference on Learning Representations

图 7-46 是 GeoDiff 生成的结果（分子化合物）图。其结果和参照（Reference）结果十分相似。

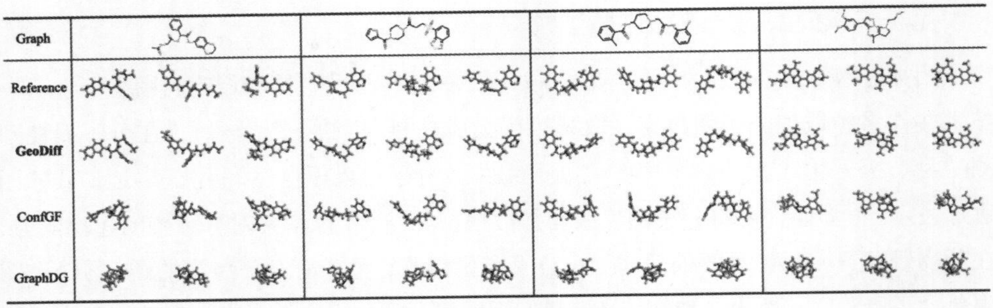

Graph												
Reference												
GeoDiff												
ConfGF												
GraphDG												

图 7-46　GeoDiff 生成的分子化合物

来源：Minkai Xu, Lantao Yu, Yang Song, Chence Shi, Stefano Ermon, and Jian Tang. GeoDiff: A Geometric Diffusion Model for Molecular Conformation Generation. In International Conference on Learning Representations

扭转角扩散（Torsional Diffusion）[107]是一种新的扩散框架，该框架在扭转角的空间上进行操作，即在扭转角上进行扩散，并使用了基于分数的扩散模型。图 7-47 是扭转角扩散框架图，在每一次逆向过程中，模型先预测扭转的变化，再将该变化反映到 3D 坐标上进行去噪生成，即每次将 3D 坐标去噪的过程转换为内部扭转角更新的过程。

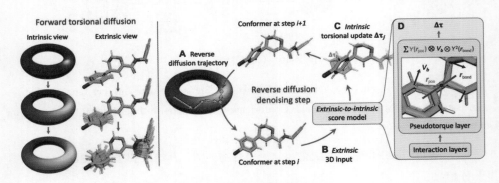

图 7-47　扭转角扩散框架图

来源：Bowen Jing, Gabriele Corso, Jeffrey Chang, Regina Barzilay, and Tommi Jaakkola. Torsional Diffusion for Molecular Conformer Generation.arXiv preprint arXiv:2206.01729

以经典力场（用于模拟分子动力学）为灵感，ConfGF[210]直接估计分子构象生成中原子坐标的对数密度的梯度场。以靶点蛋白为目标的 3D 小分子药物分子生成成为研究热点。TargetDiff[313]以靶点蛋白为引导信息，通过在 3D 空间显式建立蛋白质和分子之间的交互模型来进行分子的逐步扩散生成。图 7-48 为以靶点蛋白（P）为条件，使用条件扩散模型生成结合度高的 3D 小分子结构的过程。

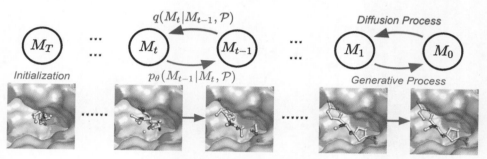

图 7-48　TargetDiff 框架图

来源：Jiaqi Guan, Wesley Wei Qian, Xingang Peng, Yufeng Su, Jian Peng, Jianzhu Ma. 3D Equivariant Diffusion for Target-Aware Molecule Generation and Affinity Prediction. In International Conference on Learning Representations

此外，训练得到的扩散模型可以作为打分函数，以此提升分子蛋白结合性的预测准确率。图 7-49 展示了 TargetDiff 的生成结果和与某些靶点蛋白结合度的测试结果（vina 分数越低越好），该模型能够在某些靶点上超过之前的自回归生成模型，体现了其优越的性能。

还有研究将扩散模型用于抗体生成，比如 DiffAb[314]。DiffAb 首次提出了一种基于扩散模型的 3D 抗体设计框架，同时对抗体的互补性决定区（Complementarity-Determining Region，CDR）的序列和结构信息建模，其多分支扩散模型框架如图 7-50 所示。该方法同时对氨基酸类型（Amino Acid Type）、碳原子位置（C_a 位置）及转向（Orientation）进行去噪生成。

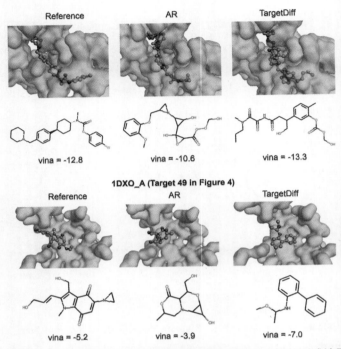

图 7-49　TargetDiff 生成结果和与某些靶点蛋白结合度的测试结果

来源：Jiaqi Guan, Wesley Wei Qian, Xingang Peng, Yufeng Su, Jian Peng, Jianzhu Ma. 3D Equivariant Diffusion for Target-Aware Molecule Generation and Affinity Prediction. In International Conference on Learning Representations

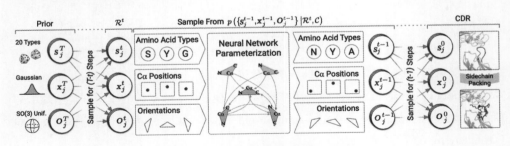

图 7-50　多分支扩散模型框架图

来源：Shitong Luo, Yufeng Su, Xingang Peng, Sheng Wang, Jian Peng, and Jianzhu Ma. Antigen-Specific Antibody Design and Optimization with Diffusion-Based Generative Models

实验表明，DiffAb 可以用于各种任务，比如序列-结构的共同生成、固定骨架的 CDR 设计，以及抗体优化等，图 7-51 展示了 DiffAb 抗体生成的结果，该图给出了在生成抗体和抗原相互作用时产生的能量变化和 RMSD 的分布。可以发现部分生成样本比参照样本结合性更好。

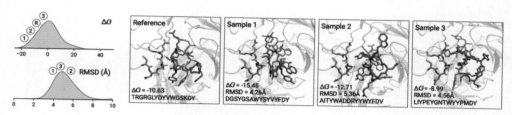

图 7-51　DiffAb 抗体生成结果图

来源：Shitong Luo, Yufeng Su, Xingang Peng, Sheng Wang, Jian Peng, and Jianzhu Ma. Antigen-Specific Antibody Design and Optimization with Diffusion-Based Generative Models

7.7.2　医学影像

医学影像学是指使用不同的成像技术，如 X 射线、磁共振成像（MRI）、计算机断层扫描（CT）等，观察和诊断患者的身体状况的一个医学领域。由于医学影像学产生的图像数据非常庞大，所以需要高度精确和自动化的计算机算法来辅助医生进行诊断和治疗。医学影像逆问题是指从测量数据中重建出原始影像的问题。在医学影像领域，这个问题非常重要[36,37,178,224,257]，因为对于一些检查方法，如 CT、MRI 等，往往只能获取间接的测量数据，而不能直接观察到患者的内部结构。解决这个问题可以帮助医生更准确地诊断疾病，制定更有效的治疗方案。下面介绍几类常用的医学影像逆问题算法：

1. 基于逆过程的算法。通过对成像过程的逆向建模，逆向求解出原始场景。常用的算法有迭代逆过程算法和逆过程算法。

2. 基于先验知识的算法。通过对原始场景的先验知识进行建模，对逆问题进行求解。常用的算法有正则化算法和基于贝叶斯理论的算法。

3. 基于统计学习的算法。通过训练样本学习出原始场景与观察到的影像之间的映射关系，对逆问题进行求解，比如深度学习算法。

基于扩散模型的医学影像重建

Song 等人[224]利用基于分数的生成模型来重建与观察到的测量结果一致的影像。图 7-52 是基于扩散模型解决医学影像逆问题的算法框架图。

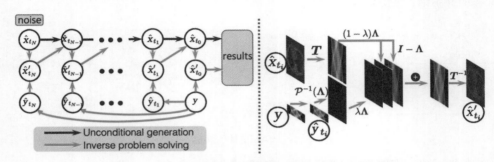

图 7-52　基于扩散模型解决医学影像逆问题的算法框架图

来源：Yang Song, Liyue Shen, Lei Xing, and Stefano Ermon. Solving Inverse Problems in Medical Imaging with Score-Based Generative Models. International Conference on Learning Representations

图 7-53 是基于扩散模型的医学影像重建的结果图。可以发现，与之前的方法相比较，该方法的重建结果与真实结果更相近，扩散模型的指标更好。

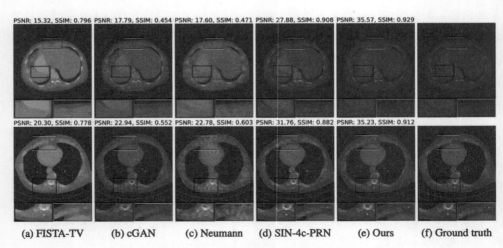

图 7-53　基于扩散模型的医学影像重建的结果图

　　Chung 等人[38]使用去噪分数匹配的方法，训练了一个连续的和时间相关的分数函数，并在数值 SDE 求解器和数据重构一致性之间反复迭代优化。Peng 等人[178]基于观察到的 k-空间信号逐渐引导反向扩散过程来进行 MR 重建，并提出由粗粒度到细粒度的高效采样算法。

第 8 章

扩散模型的未来——GPT 及大模型

扩散模型的研究处于早期阶段，理论和实证方面都有很大的改进潜力。正如前面部分所讨论的，其主要的研究方向包括高效的采样和改进似然函数，以及探索扩散模型如何处理特殊的数据结构，与其他类型的生成模型进行融合，并定制一系列应用等。本章我们先简要介绍扩散模型未来可能的研究方向，然后再详细介绍扩散模型与 GPT 及大模型进行交叉研究的可能性。

我们需要重新审视和分析扩散模型中的许多典型假设。例如，在扩散模型前向过程中完全抹去数据中的信息，并将其等效于先验分布的假设，可能并不总是成立的。事实上，在有限时间内完全去除信息是不可能的。何时停止前向噪声过程以便在采样效率和样本质量之间取得平衡是非常有趣的问题[66]。最近在薛定谔桥（Schrödinger Bridge）和最优传输[31, 44, 46, 212, 218]方面取得的进展有希望为此提供替代解决方案，比如提出新的扩散模型公式，并在有限时间内收敛到指定的先验分布。

我们还要提升对扩散模型的理论理解，扩散模型是一个强有力的模型，特别是作为唯一可以在大多数应用中与生成对抗网络（GAN）匹敌而不需要采用对抗训练的模型。因此，挖掘利用扩散模型潜力的关键在于理解为什么扩散模型对于特定任务比其他选择更有效。识别那些基本特征区别于其他类型的生成模型，如变分自编码器、基于能量的模型或自回归模型等，也是非常重要的。理解这些区别将有助于理解为什么扩散模型能够生成优质样本并有更高的似然值。同样重要的是，需要开发额外的理论去指导如何系统地选择和确定各种扩散模型的超参数。

扩散模型的潜在表示（Latent Representations）也是值得研究的，与变分自编码器或生成对抗网络不同，扩散模型在提供良好的数据潜在空间表示方面效果较差。因此，它不能轻松地用于基于语义表示操纵数据等任务。此外，由于扩散模型中的潜在空间通常具有与数据空间相同的维数，因此采样效率会受到负面影响，模型可能无法很好地学习表示方案[106]。

下面我们将重点介绍扩散模型与 GPT 及大模型进行交叉研究的可能性。为了方便读者更好地理解，我们按照如下内容依次展开，首先介绍预训练（Pre-Training）技术，然后介绍 GPT 及大模型的发展历史和一些关键的研究论文，最后讨论扩散模型结合 GPT 及大模型的可能性与方式。

8.1　预训练技术简介

　　无监督学习是从未经标记的数据中学习模式和结构的学习。相比有监督学习，无监督学习更加灵活，因为它不需要人工标注数据，就可以在大规模数据上自动学习，并且可以发现新的知识和潜在的结构。预训练技术是一种无监督学习的方法，它利用大规模无标注数据集进行训练，以获得通用的表示和规律，从而在特定任务上进行微调，以提高模型的性能。预训练技术在自然语言处理领域的发展历程可以分为以下几个阶段：

1. 词向量模型（2013 年）：最早的预训练技术是基于词向量的，例如，word2vec 和 GloVe。这些模型使用上下文信息来生成词向量表示，可以有效地解决语言表达的稀疏性和维度灾难问题。这些词向量模型的应用场景主要是文本分类、信息检索和文本生成等。

2. 语言模型（2018 年）：例如，ELMo 和 ULMFiT。这些模型使用单向或双向的语言模型来生成文本表示，可以捕捉输入序列中的上下文信息，并且可以适应不同的自然语言处理任务。

3. Transformer 模型（2018 年）：它使用自注意力机制来捕捉输入序列中不同位置之间的依赖关系，从而更好地处理长文本序列。Transformer 模型在机器翻译和文本生成等任务中取得了非常好的效果，是预训练技术的一个重要里程碑。

4. 大规模预训练模型（2018 年至今）：例如，BERT、GPT 和 T5 等。这些模型使用更大规模的数据集进行训练，并且使用更复杂的网络结构和训练策略来提高效果和泛化能力。这些大规模预训练模型在自然语言处理领域取得了非常显著的成果，并且成为当前自然语言处理研究的一个重要方向。

　　预训练技术的发展经历了从词向量模型到语言模型，再到 Transformer 模型和大规模预训练模型的演进。这些技术的发展不仅提高了自然语言处理的效果和泛化能力，而且促进了自然语言理解和生成等领域的研究。

8.1.1　生成式预训练和对比式预训练

预训练模型可以分为 Encoder-Only、Decoder-Only 和 Encoder-Decoder 3 种结构。其中，Encoder-Only 和 Encoder-Decoder 结构常见于图像和多模态预训练研究，而 Decoder-Only 结构常见于自然语言模型预训练研究。Encoder 负责将输入进行语义抽取和匹配对齐，Decoder 负责将特征进行解码生成。Encoder-Only 和 Encoder-Decoder 结构在训练时依赖特定的标注数据，当模型变大时，微调起来比较困难。相比之下，Decoder-Only 结构更加高效，特征抽取和解码同时进行，省去了 Encoder 阶段的计算量和参数，能更快地训练推理，有更好的可扩展性，能扩展到更大的规模。此外，Decoder-Only 结构在没有任何数据微调的情况下，Zero-shot 的表现最好。下面介绍两种预训练——生成式（Generative）预训练和对比式（Contrastive）预训练。如图 8-1 所示，生成式预训练采用重构损失（Reconstruction Loss）函数，对比式预训练采用对比损失（Contrastive Loss）函数。

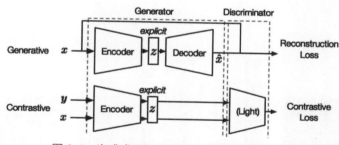

图 8-1　生成式预训练和对比式预训练对比图

生成式预训练

生成式预训练用一个 Encoder 将输入 x 编码成显式的特征向量 z，同时使用一个 Decoder 将 x 从 z 中重构回来，基于重构损失函数对 Encoder/Decoder 进行训练，当生成式预训练是 Decoder-Only 结构时，只需要训练 Decoder。常见的生成式预训练目标函数有掩码式语言建模（Masked Language Modeling，MLM）和掩码式图像建模（Masked Image Modeling，MIM）[315]等预训练范式。如图 8-2 所示，掩码式语言建模通过最大化被掩码的单词的预测正确率来训练模型。如图 8-3 所示，掩码式图像建模通过最大化被掩码的图像 patch 重建保真度来训练"encoder"和"decoder"。除上述单模态生成式预训练外，还有很多多模态生成式预训练工作，如 UNITER、VinVL 等。

图 8-2　掩码式语言建模示意图

来源：Kaiming He, Xinlei Chen, Saining Xie, Yanghao Li, Piotr Dollár, Ross Girshick. Masked Auto-Encoders Are Scalable Vision Learners. In Proceedings of the IEEE/CVF Conference on Computer Vision and Pattern Recognition

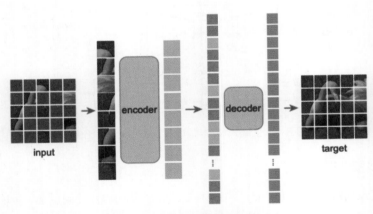

图 8-3　掩码式图像建模示意图

来源：Kaiming He, Xinlei Chen, Saining Xie, Yanghao Li, Piotr Dollár, Ross Girshick. Masked Auto-Encoders Are Scalable Vision Learners. In Proceedings of the IEEE/CVF Conference on Computer Vision and Pattern Recognition

对比式预训练

对比式预训练是指训练一个 Encoder 将输入的 x 和 y 同时编码得到显式向量 $\boldsymbol{z}_x$ 和 $\boldsymbol{z}_y$，使得正样本对应的 $\boldsymbol{z}_x$ 和 $\boldsymbol{z}_y$ 互信息（相似度）最大化，负样本对应的互信息最小化。图 8-4 是单模态对比学习（Contrastive Learning）示意图[316]，输入 x 通过数据增强 t 将样本转化为"positive pair"，在进行特征抽取后，最大化它们之间的共性特征互信息。

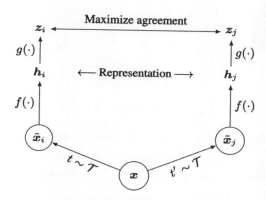

图 8-4　单模态对比学习示意图

来源：Ting Chen, Simon Kornblith, Mohammad Norouzi, Geoffrey Hinton. A Simple Framework for Contrastive Learning of Visual Representations. In International Conference on Machine Learning

该范式可以泛化到多模态对比预训练学习中，比如图像文本匹配（Image-Text Matching，ITM）、图像文本对比（Image-Text Contrastive，ITC）学习，以及视频文本对比（Video-Text Contrastive，VTC）学习等预训练范式。

如图 8-5 所示，在图像文本对比学习[317]中，在文本（Text）和图像（Image）分别经过 Encoder 抽取成对的特征后，在批样本中以"affinity matrix"的形式计算对比损失。

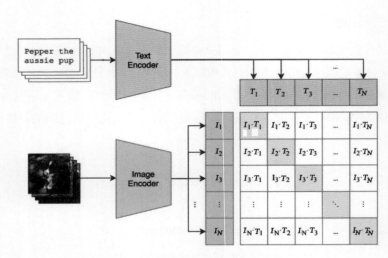

图 8-5　图像文本对比学习示意图

来源：Alec Radford,Jong Wook Kim,Chris Hallacy,Aditya Ramesh,Gabriel Goh,Sandhini Agarwal, Girish Sastry, Amanda Askell, Pamela Mishkin, Jack Clark,Gretchen Krueger, Ilya Sutskever. Learning Transferable Visual Models From Natural Language Supervision. In International Conference on Machine Learning

8.1.2　并行训练技术

预训练-微调范式已经被广泛运用在自然语言处理、计算机视觉、多模态语言模型等多种场景中，越来越多的预训练模型取得了优异的效果。为了提高预训练模型的泛化能力，研究者们开始逐步增大数据和模型参数的规模来提升模型性能，尤其是预训练模型参数量在快速增大，至 2023 年已经达到万亿参数的规模。但如此大的参数量会使得模型训练变得十分困难，研究者们使用不同的并行训练技术来对大模型进行高效训练。并行训练技术使用多块显卡并行训练模型，主要分为 3 种并行方式：数据并行（Data Parallel）、张量并行（Tensor Parallel）和流水线并行（Pipeline Parallel）。

数据并行

数据并行（Data Parallel）是最常用和最基础的并行训练方法。该方法的核心思想是，沿着 batch 维度将输入数据分割成不同的部分，并将它们分配给不同的 GPU 进行计算。在数据并行中，每个 GPU 存储的模型和优化器状态是完全相同的。在每个 GPU 上完成前向传播和后向传播后，需要将计算出的模型梯度进行合并和平均，以得到整个 batch 的模型梯度。如图 8-6 所示，数据被分成 4 份送到 4 个同样的模型中进行训练，在计算损失时会将不同模型的梯度进行平均，然后反向传播。

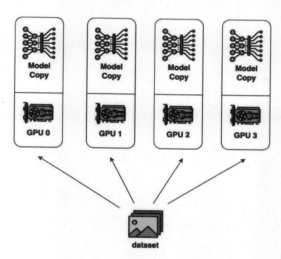

图 8-6　数据并行训练示意图

张量并行

通常在训练大型模型时，单个 GPU 无法容纳完整的模型。为此，可以使用张量并行（Tensor Parallel）技术将模型拆分并存储在多个 GPU 上。与数据并行不同，张量并行是指将模型中的张量拆分并放置在不同的 GPU 上进行计算。例如，对于模型中的线性变换 $Y=AX$，可以按列或行拆分矩阵 A，并将其分别放置在两个不同的 GPU 上进行计算，然后在两个 GPU 之间进行通信以获得最终结果。这种方法可以扩展到更多的 GPU 和其他可拆分的操作符上。如图 8-7 所示，在整个多层感知机（MLP）中，输入 X 首先会被复制到两个 GPU 上。然后，对矩阵 A 采用上述列分割方式，在两个 GPU 上分别计算出第一部分输出的 Y_1 和 Y_2。接下来，对于 Dropout 部分的输入，采用按行划分的方式处理矩阵 B，并在两个 GPU 上分别计算出 Z_1 和 Z_2。最后，在两个 GPU 上进行 All-Reduce 操作，以获得最终的输出 Z。如图 8-7 所示，在 MLP 和

Self-Attention 上实现张量并行[328]。与 MLP 的张量并行类似，Self-Attention 的张量并行可以将"attention heads"中的 Q、K、V 进行张量分解并行。

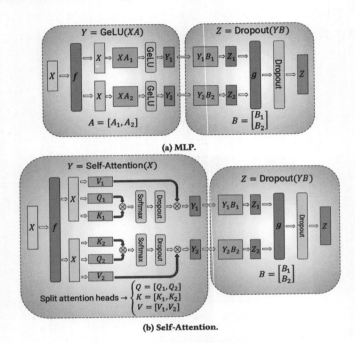

图 8-7   MLP 和 Self-Attention

来源：Shoeybi M, Patwary M, Puri R, et al. Megatron-LM: Training Multi-Billion Parameter Language Models Using Model Parallelism. arXiv preprint arXiv:1909.08053

流水线并行

流水线并行（Pipeline Parallel）也是将模型分解并放置到不同的 GPU 上，以解决单块 GPU 无法存储整个模型的问题。但与张量并行不同的是，流水线并行按层将模型存储在不同的 GPU 上，如图 8-8 所示。以 Transformer 为例，流水线并行将若干连续的层放置在同一块 GPU 上，然后在前向传播过程中按照顺序依次计算隐状态（hidden state）。

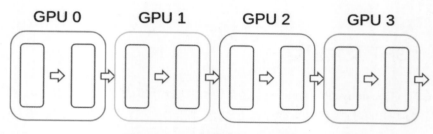

图 8-8　流水线并行训练示意图

以下是对这 3 种并行方式的比较。数据并行的优点是通用性强且计算和通信效率较高，但缺点是总显存开销较大；张量并行的优点是显存效率高，缺点是引入了额外的通信开销，并且通用性不是特别好；流水线并行的优点是显存效率高，并且通信开销比张量并行小一些，但其缺点是在流水线中可能存在气泡（即存在无效计算时间）。

8.1.3　微调技术

微调（Fine-Tuning）技术是指在预训练模型的基础上，针对特定任务进行少量的训练调整，以达到更好的性能表现。该技术可以在不重新训练模型的情况下，快速地适应新的任务，并提高模型的准确性。微调技术通常用于深度学习模型在具体应用中的迁移学习（Transfer Learning）。在迁移学习中，预训练模型在大规模数据上进行训练，学习到了通用的特征表示，而这些特征表示可以用于多个任务。在微调时，通常是在一个较小的、与预训练模型类似的数据集上对模型进行微调，以适应特定的任务。微调技术的具体实现方式是将预训练模型的所有或部分层参数作为初始参数，然后通过训练过程更新这些参数，使其适应特定的任务。在微调过程中，通常只需要在少量的任务特定数据集上进行训练，并且训练时采用较小的学习率，以避免过拟合。微调技术在各种深度学习应用中得到了广泛应用，如自然语言处理、计算机视觉和语音识别等。以自然语言处理为例，常见的微调预训练模型包括 BERT、GPT、XLNet 等，在微调后可用于诸如文本分类、命名实体识别、情感分析等各种具体任务，极大地提升了模型性能。

8.2　GPT 及大模型

GPT（Generative Pre-Training）是指使用生成式预训练的语言模型，是 NLP 领域中的一种强大的模型。初代的 GPT 是在 2018 年由 OpenAI 提出的，之后更新为 GPT-2、GPT-3、InstructGPT，以及后续一系列变体模型（统称 GPT-3.5 系列），最终发展到了如今的智能对话搜索引擎 ChatGPT，以及多模态引擎 Visual ChatGPT 和 GPT-4。初代的 GPT-1 已经在多种任务中达到了 SOTA，而之后的 GPT 甚至可以解决未经过训练的新任务（Zero-shot），并可以生成符合人类阅读习惯的长文本或者生成符合输入文本语义的逼真图像、视频等。在这个更新迭代的过程中，GPT 模型和数据的体量、训练的方式、模型的架构等都发生了改变，GPT-3 和 GPT-4 的参数量分别达到了 1750 亿参数和 100 万亿参数，大模型的概念因此被提出。

研究大模型是至关重要的，由于业务场景复杂，对 AI 的需求呈现出碎片化、多样化的特点。从研发到应用，AI 模型成本高且难以定制，导致 AI 模型研发处于手工作坊状态，公司需要招聘新的 AI 研发人员。为了解决这个问题，大模型提供了"预训练大模型+下游任务微调"的方案，通过大规模预训练扩展模型的泛化能力，解决通用性难题，并应用于自然语言、多模态等各项任务。为了进一步阐明 GPT 和大模型为何有如此强大的能力，下面我们将对 GPT 的发展历史和其中的关键研究论文中的技术细节进行详细的阐述。

8.2.1　GPT-1

GPT-1[318]试图解决的问题是，如何在人工标注稀缺的情况下尽可能地提升性能。在 GPT-1 之前大部分的 NLP 模型都是针对特定任务而训练的，如情感分类等，所以使用的是有监督学习。但有监督的学习方式要求大量人工标注数据，并且训练出的模型无法泛化到其他任务上。经验表明，从无监督学习得到的表示可以让性能显著提升，比如广泛使用预训练词嵌入来提高 NLP 任务的性能。但是如何进行无监督训练、如何设定目标函数、如何将无监督训练的模型匹配下游任务，这些问题仍有待解决。为了解决上述问题，GPT-1 选择了一种半监督方法，即"预训练+微调"。该方法分为两个阶段，第一阶段使用大量数据进行无监督训练，让模型学习词之间的相关关系，或者说"常识"；第二阶段通过有监督学习的方式进一步提升模型解决下游任务的能力，并且不改变模型的主要结构。

具体来说，第一阶段的目标函数是自回归式的，模型要最大化下面这个似然函数：

$$L_1 = \Sigma_i \log P(u_i | u_{i-1}, \cdots, u_{i-k}, \theta)$$

其中 θ 是神经网络的参数，即使用前 k 个词来预测第 k+1 个词。这样训练的模型可以捕捉到词之间的相关关系，得到较好的表示。第二阶段训练的目标函数则是有监督的形式：

$$L_2 = \Sigma_{u,y} P(y | u_1, u_2, \cdots, u_m)$$

GPT-1 的第二阶段训练使用了 $L_2 + \lambda L_1$ 来提高泛化能力。经过无监督训练的模型只需要加上一个线性层中的 softmax 层就可以进行有监督训练。由于无须改变模型的主要结构，所以可以较好地利用无监督训练得到的表示。此外，在进行微调时还需要对输入文本进行结构化的变换，如加入起始符和终止符，在例子之间加入分隔符等，让模型理解所进行的任务类型。如图 8-9 所示，经过预训练后的 Transformer 可以被用在各种下游任务中进行微调，比如完成 Multiple Choice（多选）、Similarity（相似度计算）、Entailment（蕴涵关系）、Classification（分类）等任务。

在模型方面，GPT-1 使用的是 Transformer，这是因为 Transformer 具有更加结构化的记忆单元来解决长距离依赖问题，能够处理更长的文本信息，从而使得学习到的特征在各个任务中的迁移具有更强的鲁棒性。完整的 Transformer 包含编码器和解码器两个部分，而 GPT 只使用了 Transformer 的解码器部分，因为解码器中可以使用 mask 机制让模型只能接触到上文信息，从而匹配 GPT 的无监督训练目标。在此之前 LSTM 是语言模型的主要架构，但 GPT 发现 Transformer 作为语言模型，比 LSTM 具有更高的信息容量，效果更好，因此开创了大模型以 Transformer（及其变体）为基础的先河。

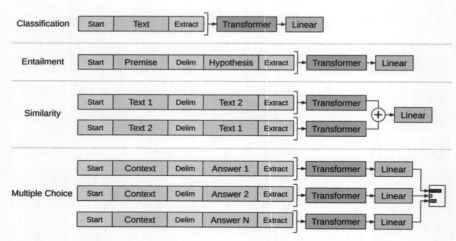

图 8-9　经过预训练后的 Transformer 可以被用在各种下游任务中进行微调

来源：Alec Radford, Karthik Narasimhan, Tim Salimans, Ilya Sutskever. Improving Language Understanding by Generative Pre-Training

与 GPT 同一时期的"竞争对手"BERT 是一种 mask 语言模型，即在预测句子中某一个词的时候可以同时看到它的上下文信息，类似于一种完形填空任务，所以 BERT 选择的是 Transformer 的编码器模块。GPT 仅使用前文信息预测当前词，这种目标函数是更难的，使用前文信息预测未来信息自然比完形填空难度更大。

在此我们给出了 GPT-1 的模型参数和训练参数，并且在后续内容中和 GPT-2、GPT-3 进行对比，以此让大家认知 GPT 系列模型的大小。GPT-1 的总参数量为 1.17 亿参数，其中特征维度为"768"，Transformer 层数是"12"，头数为"12"，训练数据为 BooksCorpus 数据集，文本大小约 5GB。该数据集是由约 7000 本书籍组成的。选择该数据集主要的好处是书籍文本包含大量高质量长句，保证了模型学习的长距离依赖。

实验结果表明，在 12 个任务中，GPT-1 在其中的 9 个任务中的表现比专门有监督训练的 SOTA 模型表现得更好。此外，GPT-1 还显示出了一定的 Zero-shot 能力，即在完全未训练过的任务类型中也有较好的性能。如图 8-10 所示，随着 GPT 预训练步数的增加，模型在下游与预训练相关任务上的 Zero-shot 的表现超过了传统的 LSTM 模型，并且拥有更小的方差，这表明 GPT 有着更好的稳定性和记忆归纳能力。这是因为 GPT-1 在预训练中获得了较强的泛化能力，这也为 GPT-2、GPT-3 的出现打下了基础。

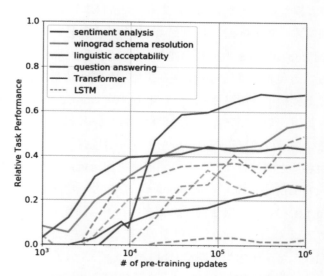

图 8-10　GPT 在下游与预训练相关任务上的 Zero-shot 的表现超过了传统的 LSTM 模型

来源：Alec Radford, Karthik Narasimhan, Tim Salimans, Ilya Sutskever. Improving Language Understanding by Generative Pre-Training

8.2.2　GPT-2

GPT-2[319]发现模型在大规模数据上进行无监督训练后，有能力直接在多个任务之间进行迁移，而不需要额外提供特定任务的数据。在此介绍一下 GPT-2 中的核心思想——"Zero-shot"。不论是 GPT-1 还是 BERT，使用"预训练+微调"的范式意味着对一个新的下游任务还是需要有监督数据去进行额外的训练的，其中可能会存在较多的人工成本。GPT-2 试图彻底解决这个问题，其背后的思想是，当模型的容量非常大且数据量足够丰富时，仅仅靠语言模型的学习便可以完成其他有监督学习的任务，不需要在下游任务中进行微调。

GPT-2 相比 GPT-1，其改进主要在模型大小和训练数据大小上。GPT-2 有 15 亿参数，Transformer 有 48 层，并且上下文窗口为"1024"。GPT-2 训练了 4 个不同大小的模型，参数量分别为 1.17 亿参数、3.45 亿参数、7.62 亿参数和 15 亿参数，实验结果发现模型越大，下游任务的性能就越好，并且随着模型增大，模型的"perplexity"会下降。这意味着模型更好地理解了语言文本。训练样本为从 Reddit 中挑出的高质量帖子做成的网页文本（WebText），其中有 40GB 的文本数据。WebText 数据集远远大于 GPT-1 使用的 BooksCorpus 数据集。GPT-2 的作者指出大规模的模型必须要用更多的数据才能收敛，而实验结果表明模型现在仍处于欠拟合的状态。

GPT-2 的模型架构也有所微调，层归一化（Layer Normalization）被挪到了每个子模块之前的输入位置，效仿了预激活残差网络（Pre-Activation ResNet）；对残差层的参数进行了缩放，在最后的自注意力层后加了额外的层归一化。这些调整都是为了减少预训练过程中各层之间的方差变化，以使梯度更加稳定。此外，GPT-2 使用了多任务训练的方式，并提出了"Task Conditioning"的概念，即特定任务的学习目标应写为 P（output/input,task），模型对于同一个数据，在不同的任务中应生成不同的输出。对于语言模型"Task Conditioning"可以通过在输入文本中加入样例或自然语言的提示语句等方式完成。这个概念为"Zero-shot Learning"提供了基础。

"Zero-shot Learning"（又称"Zero-shot Task Transfer"）指模型可以在没有任何训练样本和自然语言样例的情况下，理解任务的需求并根据自然语言指示生成正确的回答。GPT-2 希望通过大模型和大数据训练来实现这种能力。与 GPT-1 的微调阶段不同，在处理下游任务时 GPT-2 不需要对语句进行重组，而是直接接受自然语言提示，比如英文到中文的翻译问题，模型的数据就是英文语句，然后是单词"Chinese"和提示词"："。这样 GPT-2 就不需要对下游任务的数据进行调整，也就不涉及在无监督训练中使用特殊分隔符了。通过建立尽可能大且多样的数据集来收集尽可能多的、不同领域、不同任务的自然语言描述，从而让 GPT-2 有理解任务内涵的能力。

实验结果表明，GPT-2 在较多任务上相比无监督算法是有一定的提升的，它在 8 个任务中的 7 个任务中，在 Zero-shot 的情形下，提高了 SOTA，这说明它拥有 Zero-shot 的能力。但是在很多任务中与有监督微调的方法相比还有一定差距，即使 GPT-2 的参数量比 BERT 多，但在主流的 NLP 下游任务中的表现相比 BERT 并不突出。此外，实验结果表明该模型仍处于一个欠拟合的状态，并且模型越大，性能越好，这说明 GPT-2 中 15 亿参数还没有达到模型的极限。如图 8-11 所示，GPT-2 随着参数量的增长，在各个下游任务上的性能也在上涨，并且还有继续上涨的趋势。

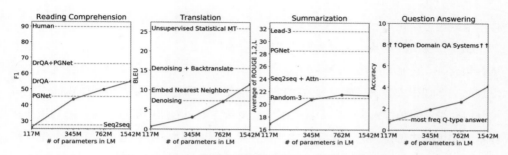

图 8-11　GPT-2 随着参数量的增长，性能也在上涨

来源：Alec Radford, Jeffrey Wu, Rewon Child, David Luan, Dario Amodei, Ilya Sutskever. Language Models are Unsupervised Multitask Learners

8.2.3　GPT-3 和大模型

从 GPT-2 的实验可以发现，随着模型大小的增加，模型的 Zero-shot 能力也在增加。为了建立一个尽可能强大的且不需要微调就能处理下游任务的语言模型，OpenAI 提出了 GPT-3[320]。GPT-3 的模型为 1750 亿参数，远远超过 GPT-2 的参数。大量的模型参数和训练数据使得 GPT-3 可以在下游的"Zero-shot"或者"Few-shot"任务中有着出色的表现。不仅如此，GPT-3 可以生成高质量的文章，并且还有数学计算、编写代码的能力。本小节，我们将结合 GPT-3 中的核心技术和关键概念（少样本学习、上下文学习、提示学习和涌现能力）进行介绍。

少样本学习

少样本学习（Few-shot Learning）是机器学习中的一种学习范式，其目标是从很少的训练样本中学习得到一个模型，并使其能够快速地进行分类、识别或者回归等任务。在传统机器学习中，通常需要大量的标注数据来训练模型，例如，对于一个分类任务，可能需要数千或数万个标注数据才能训练出一个较好的模型。但是在实际场景中，很多时候我们可能只能获得很少的标注数据。这时，少样本学习就可以派上用场了。少样本学习的核心思想是通过学习少量的样本，得到一个能够泛化出新数据的模型。此前少样本学习主要使用基于元学习的方法。这些方法通过使用一个元学习器，从多个小任务中学习到通用的特征表示，从而使得模型在新的任务上可以利用少量的样本数据进行泛化。

GPT-3 使用的是基于生成模型的"Few-shot"方法，通过在大规模无标注数据上进行预训练，它能够在输入的样本中找到样本文字的规律，然后结合其在预训练中学习到的文字规律去解决目标问题。GPT-3 不是 GPT-2 那种不需要任何样本就能表现得很好的模型，而是像人类学习一样，阅读极少数样本之后便可以根据过往的知识和新样本的知识解决特定问题。注意 GPT-3 仅仅是阅读新样本，并不会根据新样本进行梯度更新。因为在 GPT-3 的参数规模下，即使是微调，成本也是极高的。如图 8-12 所示，当输入文本中包含较少的几个样本时，GPT-3 展现了强大的从样本中学习的能力，并超过了基于微调的 BERT 模型。

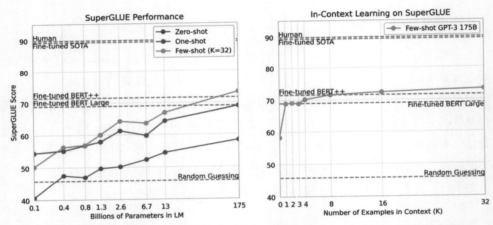

图 8-12 （左）随着模型参数量的不断上涨，预训练模型的 Few-shot 能力越来越强；
（右）随着输入中示例样本的数量增加，GPT-3 的表现在样本初始增加时性能暴涨，并在之后一直保持着上涨趋势

来源：Tom Brown, Benjamin Mann, Nick Ryder, Melanie Subbiah, Jared D Kaplan, Prafulla Dhariwal, Arvind Neelakantan, Pranav Shyam, Girish Sastry, Amanda Askell, Sandhini Agarwal, Ariel Herbert-Voss, Gretchen Krueger, Tom Henighan, Rewon Child, Aditya Ramesh, Daniel Ziegler, Jeffrey Wu, Clemens Winter, Chris Hesse, Mark Chen, Eric Sigler, Mateusz Litwin, Scott Gray, Benjamin Chess, Jack Clark, Christopher Berner, Sam McCandlish, Alec Radford, Ilya Sutskever, Dario Amodei. Language Models are Few-shot Learners. In Advances in Neural Information Processing Systems

具体来说，在"Zero-shot"情形下，测试输入中仅使用当前任务的自然语言描述，而在"Few-shot"情形下，测试输入中除了有自然语言的描述，还有在模型上下文窗口中加入的样本。GPT-3 可以根据任务描述和样本示范来回答问题。"One-shot Learning"是少样本学习中的特例，其仅仅使用一个样本示范。

上下文学习

上下文学习（In-context Learning）是一种比较新的自适应学习技术，指在完成特定任务时，结合任务所处的上下文环境，将相关信息纳入模型，以提高模型的准确性和泛化能力。传统的机器学习模型通常从一个静态的数据集中学习，然后应用到新的数据中。这种模型缺乏对数据的实时理解和适应能力，很难处理一些涉及时间、空间、位置等动态变化的任务。而上下文学习倡导结合任务的上下文环境进行学习，以便更好地理解和处理数据。注意，GPT-3 在上下文学习中不更新梯度，而是设计输入上下文来充分挖掘模型已有的能力，从而提高性能。在 GPT-3 中，上下文学习通常在以下场景中使用：

1. 生成对话。当 GPT-3 被用于生成对话时，上下文学习可以帮助模型根据当前的上下文和对话历史生成更加准确和流畅的回复。例如，当模型被要求回答"你最喜欢的食物是什么？"时，上下文学习可以帮助模型基于之前的回答和对话历史来生成更好的答案。

2. 文本生成。当 GPT-3 被用于文本生成任务时，上下文学习可以帮助模型根据当前的上下文和任务需求生成更加准确和有逻辑的文本。例如，在给定一些输入信息后，模型可以使用上下文学习生成更加准确的摘要或描述。

3. 问答。当 GPT-3 被用于问答任务时，上下文学习可以帮助模型根据当前的问题和上下文生成更加准确和有逻辑的答案。例如，在回答一个开放式问题时，上下文学习可以帮助模型在回答中融入当前的上下文，从而生成更加合理的答案。

提示学习

提示学习（Prompt Learning）是一种自适应学习技术，用于自然语言处理领域中的预训练语言模型。它的目标是让预训练语言模型能够通过简单的提示完成各种任务，而无须进行额外的特定任务的微调。提示学习的基本思想是使用预定义的提示来指导预训练语言模型的生成过程。通常这些提示针对的是特定任务的文本片段，可以是问题、关键字、主题等。在训练过程中将这些提示与输入文本一起给预训练语言模型，模型可以根据提示生成相应的输出结果，从而实现特定的任务。在提示学习中，"提示"被视为对模型的指令，它们指导模型在不同的上下文中执行不同的任务。使用提示的好处是，可以使模型更加专注于特定的任务，从而提高模型在这些任务上的性能和效果。此外，提示学习还可以避免在特定任务上进行额外的微调，从而减少了模型的计算负担和训练时间。

在 GPT-3 中，提示学习可以让用户输入自定义的提示，从而指定模型要执行的任务和要生成的内容。例如，用户可以将"Translate from English to Spanish"作为提示，然后输入一段英语文本，GPT-3 会根据这个提示生成对应的西班牙语。用户还可以通过输入不同的提示来控制文本风格、主题等。GPT-3 还可以使用一种名为"Completion Prompt"的提示方式，这种提示方式将任务要求以自然语言的形式呈现给模型，模型再根据提示生成相应的文本结果。在 GPT-3 中，"Completion Prompt"通常由两部分组成：任务描述和文本模板。"任务描述"描述了模型需要完成的任务，如文本分类、生成、问答等。在"Completion Prompt"中，任务描述通常以自然语言的形式给出，如"给定以下文本，预测它属于哪个类别"或"给定以下问题，回答问题"等。"文本模板"则是指用于生成文本结果的模板文本。在"Completion Prompt"中，文本模板通常是一个带有空缺的句子，模型需要根据任务描述和文本模板生成一个完整的句子。例如，对于文本分类任务，文本模板可以是"在以下文本中，找出与 XXX 相关的句子"，其中 XXX 表示类别标签。通过使用"Completion Prompt"，GPT-3 可以根据任务要求自动选择合适的模板和文本片段，以生成符合要求的文本结果。

除了提示学习，研究者们发现还可以使用一种模拟人类思考习惯的学习方式，即"思维链提示"（Chain-of-Thought Prompting）[321]。人类在解决数学、逻辑等推理问题时通常要把问题分解为多个中间步骤，在逐个解决每个问题后得到答案。思维链提示的目标就是使语言模型产生一个类似思维链的能力。在 Few-shot 场景下，输入的样本会包含详细的推理过程，从而鼓励模型在输出的回答中提供连贯的思维链，以得到更准确的答案。而在 Zero-shot 情形下，仅仅在提示中输入"Let's think step by step"（让我们一步一步地思考）就能显著提高模型预测的准确率。在多轮对话的情形下，思维链提示不是单独生成每一轮对话,而是将每一轮对话当作一个环节,将它们组成一个连续的链条。这样做的好处是,它可以避免生成无意义或不连贯的对话,同时还可以保持对话的连贯性和一致性。思维链提示的实现方法通常是将上一轮的回答作为下一轮的输入,并使用自然语言模型生成下一轮的回答。在生成下一轮回答时,模型会考虑到上一轮的回答和任务描述,以保持对话的一致性和连贯性。

如图 8-13 所示,标准提示(Standard Prompting)和思维链提示(Chain-of-Thought Prompting)对比,在思维链提示下,模型会在回答问题时给出推理过程及答案,进一步利用大模型的推理能力。

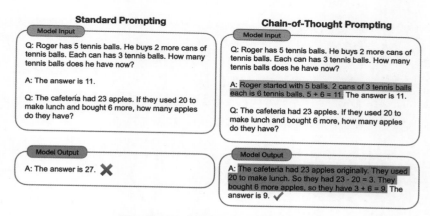

图 8-13　标准提示和思维链提示对比

涌现能力

在自然语言处理领域中,涌现能力(Emergent Ability)是指在训练模型时,模型可以自主地学习到新的任务或功能。换句话说,涌现能力是指模型具有自学习的能力,可以在没有额外训练数据的情况下,自主地实现新的任务或功能。涌现能力的实现基于模型的泛化能力和模型的表示能力。模型的泛化能力指的是模型在训练集和测试集之间的性能表现。模型的表示能力指的是模型可以在训练集中学习到的语言表示和结构。如果模型具有足够的泛化能力和表示能力,那么它就能够在新的任务或功能出现时,自主地学习到这些任务或功能,而无须重新训练模型。

从 GPT-1、GPT-2、GPT-3 的发展历程可以发现，随着模型规模的增大，GPT 在极少甚至没有提示的情况下解决新问题的能力在逐渐提升。Wei 等人[322]发现，随着规模的增大，模型会出现涌现能力，即小模型没有而大模型有的能力。例如，当模型没有达到一定规模前，其在 Few-shot 情形下的回答随机性较大，而当模型规模突破了临界点后，其 Few-shot 能力会大幅提升。如图 8-14 所示，展示了 8 个不同模型在"Few-shot"场景中展现出涌现能力的示例，可以看出在模型达到一定规模之前的表现和随机模型一样，但是到了一定规模之后，模型的表现显著提高并远远高于随机结果。

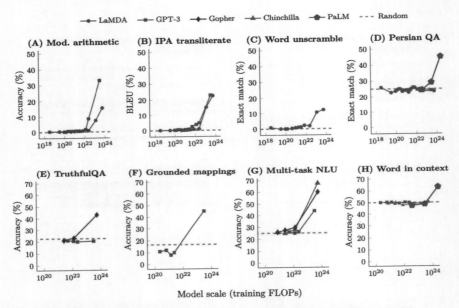

图 8-14 8 个不同模型在"Few-shot"场景中展现出涌现能力的示例

来源：Jason Wei, Yi Tay, Rishi Bommasani, Colin Raffel, Barret Zoph, Sebastian Borgeaud, Dani Yogatama, Maarten Bosma, Denny Zhou, Donald Metzler, Ed H. Chi, Tatsunori Hashimoto, Oriol Vinyals, Percy Liang, Jeff Dean, William Fedus. Emergent Abilities of Large Language Models. arXiv preprint arXiv:2206.07682

在 BIG-Bench 上，GPT-3 和 LaMDA 在未达到临界点时，模型的表现都接近于零。而当 GPT-3 的规模突破 10^{22} 训练效率，LaMDA 的规模突破 10^{23} 训练效率时，模型的表现开始快速上升。这些结果说明，必须要有一定规模的模型才能让机器拥有智能。

下面介绍 GPT-3 的模型参数和训练参数。GPT-3 有 96 个注意力层，并且每层有 96 个注意力头。词嵌入的维度从"1600"提升为"12888"，上下文窗口为 2048 个词长。此外，GPT-3 还使用了稀疏注意力模块，降低了计算复杂度，仅关注相对距离不超过 k 和相对距离为 $2k$、$3k$ 等的字符。稀疏注意力有局部紧密相关和远程稀疏相关的特性，对距离较近的上下文关注多，对距离较远的上下文关注少。除此之外，与 GPT-2 基本相同。GPT-3 的训练数据集为 5 个不同的库，每个库都有特定的权重，高质量的数据库采样量大，模型会被训练更多的"epoch"。这些数据库为 Common Crawl、WebText2、Books1、Books2 和 Wikipedia。总体数据量为 GPT-2 的 10 倍以上。

实验结果表明，不论是"Zero-shot"还是"Few-shot"，GPT-3 在多个任务中的表现比原来的 SOTA 更好。对于部分数据库上的任务，虽然 GPT-3 不能打败 SOTA，但是比 Zero-shot 的 SOTA 表现得更好。在绝大多数情况下，在 Few-shot 情形下 GPT-3 的表现比在 One-shot 情形下表现得更好。但 GPT-3 仍有其局限性和可能的不良影响。虽然 GPT-3 可以生成高质量文本，但是当生成长句子时，它会出现前后矛盾或者重复的情况。GPT-3 在自然语言推断中的表现不好，无法确定某个句子是否提示了其他语句。此外，因为在训练时所有词被同等看待，所以对于一些无意义的词或者虚词也要花很多计算量去计算，无法根据任务特点或者目标导向处理字符。另一方面，由于 GPT-3 过于庞大、推断耗费较大，并且难以解释其机理，我们并不清楚 GPT-3 是在"记忆"还是在"学习"。对于少样本学习，我们并不清楚什么样的示例和提示会起作用。最后一点，GPT-3 可以生成以假乱真的新闻稿，这就意味着 GPT-3 存在传递错误信息和不实消息，并用于作假、生成有偏见的文本的风险。

8.2.4　InstructGPT 和 ChatGPT

虽然 GPT-3 在各大自然语言处理任务，以及文本生成的任务中令人惊艳，但是它还是会生成一些带有偏见的、不真实的、有害的、可能造成负面社会影响的信息。由于预训练模型是超大参数量级的模型在海量数据上训练出来的，与完全由人工控制的专家系统相比，预训练模型就像一个黑盒子。没有人能够保证预训练模型不会生成一些包含种族歧视、性别歧视等的危险内容，因为在几十 GB 甚至几十 TB 的训练数据里很可能会包含类似的训练样本。此外，GPT-3 并不能按人类喜欢的表达方式去做出回应，我们希望模型的输出可以与人类真实意图"对齐"（Alignment），也就是说让语言模型的生成结果和人类意图相匹配。这也是创造 InstructGPT 的初衷，InstructGPT 的作者对其设置的优化目标可以概括为"3H"：Helpful（有用的）、Honest（可信的）和 Harmless（无害的）。

为了实现 3H，InstructGPT[323]在 GPT-3 的基础上进行微调，其训练方式可以分为 3 个步骤：1.有监督微调；2.奖励模型训练；3.强化学习训练。ChatGPT 就是采用的和 InstructGPT 一样的技术方案开发出来的。如图 8-15 所示，在 InstructGPT 流程示意图中，第一步是有监督微调 GPT-3（左）；第二步是训练一个奖励模型（中）；第三步是使用强化学习对奖励模型进行策略优化训练。

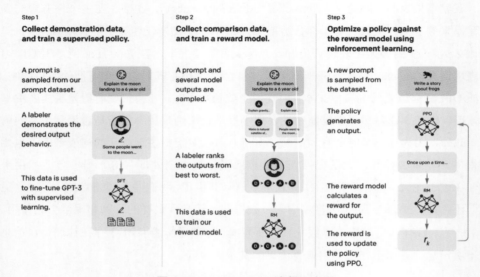

图 8-15　InstructGPT 流程示意图

来源：Long Ouyang, Jeffrey Wu, Xu Jiang, Diogo Almeida, Carroll Wainwright, Pamela Mishkin, Chong Zhang, Sandhini Agarwal, Katarina Slama, Alex Ray, John Schulman, Jacob Hilton, Fraser Kelton, Luke Miller, Maddie Simens, Amanda Askell, Peter Welinder, Paul F. Christiano, Jan Leike, Ryan Lowe. Training Language Models to Follow Instructions with Human Feedback. In Advances in Neural Information Processing Systems

实际上我们可以将其拆分成两种技术方案，一种是有监督微调（SFT）；另一种是基于人类反馈的强化学习（RLHF），包含训练奖励模型并进行强化学习训练。下面我们将介绍这两种技术方案。

例如，在 Few-shot 设置中，GPT-3 对于同一个下游任务，通常采用固定的任务描述方式，但这与真实场景下用户的使用方式存在较大的区别。一般来说用户在使用 GPT-3 时不会采用某种固定的任务表述，而是根据自己的说话习惯去表达某个需求。InstructGPT 进行的有监督微调训练就是为了让模型能够理解真实用户的各种需求。在训练过程中，首先从用户的真实请求中采样下游任务的描述，然后标注人员对任务描述进行续写，从而得到对问题的高质量回答，最后使用真实任务和真实回答对模型进行微调。

基于人类反馈的强化学习，简单来说就是对 GPT 生成的内容进行打分，符合标准的回答给予较多的回报，鼓励模型生成这种回答，对于不符合标准的回答给予较少的回报，抑制模型生成这种回答。给予人工评分的强化学习效率低、消耗资源大，其替代方案是训练一个奖励模型来模拟人类打分。具体方法就是，对同一个问题让模型生成一些文章，请评分人员对这些文章根据内容好坏进行排序，然后训练奖励模型模拟人类的评价结果。训练的目标函数就是简单回归任务的目标函数，但是为了能够适配 GPT 生成文本的多样性和复杂性，奖励模型一般会采用并生成与模型体量一致的模型。训练完成后，就可以用奖励模型代替人工对 GPT 进行强化学习训练了。具体来说，使用 GPT 生成一篇文章，然后使用奖励模型对其摘要进行打分，然后使用打分值，并借助 PPO（Proximal Policy Optimization）算法优化 GPT。优化目标为

$$E_{(x,y)\sim\pi_\phi^{\mathrm{RL}}}\left[r_\theta(x,y) - \beta\log\frac{\pi_\phi^{\mathrm{RL}}(y|x)}{\pi_\phi^{\mathrm{SFT}}(y|x)}\right] + \lambda E_{x\sim\pi_{\mathrm{pretrain}}}\log\pi_\phi^{\mathrm{RL}}$$

其中，第一项为 PPO 的优化目标，$r_\theta(x,y)$是训练好的奖励模型，$\pi_\phi^{\mathrm{RL}}(y|x)$是强化学习模型，$\phi$是需要优化的模型参数。模型输出答案的奖励越大，就越符合人类的喜好。最大化第一项就是让模型尽可能满足人类偏好。但是随着模型的更新，强化学习模型产生的数据和训练奖励模型的数据的差异会越来越大。为确保 PPO 模型的输出和有监督微调的输出差距不会过大，该方法中加入了 KL 散度惩罚项$\beta\log\frac{\pi_\phi^{\mathrm{RL}}(y|x)}{\pi_\phi^{\mathrm{SFT}}(y|x)}$，其中$\beta$是超参数，$\pi_\phi^{\mathrm{SFT}}(y|x)$是由有监督微调训练得到的模型。第二项是为了降低对其他任务的影响。只用 PPO 模型进行训练的话，会导致模型在通用自然语言处理任务上性能的大幅下降。所以为了避免下游任务的表现出现较大程度的下滑，加入了损失函数$\lambda E_{x\sim\pi_{\mathrm{pretrain}}}\log\pi_\phi^{\mathrm{RL}}$使模型和预训练数据的分布对齐，其中$\lambda$是调节强度的超参数，

π_{pretrain}是训练前数据的分布。如图 8-16 所示，InstructGPT 模型（PPO-ptx）及没有预训练混合的其他变体（PPO）明显优于 GPT-3 基线模型（GPT、GPT（prompted））。

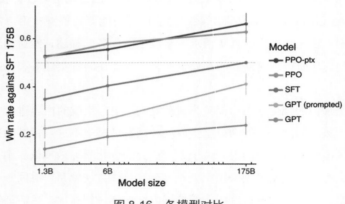

图 8-16　各模型对比

来源：Long Ouyang, Jeffrey Wu, Xu Jiang, Diogo Almeida, Carroll Wainwright, Pamela Mishkin, Chong Zhang, Sandhini Agarwal, Katarina Slama, Alex Ray, John Schulman, Jacob Hilton, Fraser Kelton, Luke Miller, Maddie Simens, Amanda Askell, Peter Welinder, Paul F. Christiano, Jan Leike, Ryan Lowe. Training Language Models to Follow Instructions with Human Feedback. In Advances in Neural Information Processing Systems

实验结果表明，标注人员明显感觉 InstructGPT 的输出比 GPT-3 的输出更好，1.3B 的 InstructGPT 就能带来比 175B 的 SFT 更好的体验。此外，InstructGPT 在真实性、丰富度上表现得更好，并且对有害结果的生成控制得更好。这种提升是自然的结果，因为人工续写微调，以及强化学习训练会促使模型生成真实的样本，避免有害样本。但是 InstructGPT 对于"偏见"没有明显改善，有时会给出荒谬的输出，这可能是受限于纠正数据的数量。此外，即便是优化了损失函数，InstructGPT 仍会降低模型在通用自然语言处理任务上的效果。

8.2.5　Visual ChatGPT

前面所说的 GPT 技术都是应用于自然语言场景中的，在实际的生产、生活中还需要多模态的输入、输出形式来满足不同需求。Visual ChatGPT 是一种结合了 ChatGPT

和视觉基础模型（Visual Foundation Model，VFM）的多模态问答系统。视觉基础模型一词通常用于描述计算机视觉中使用的一组基本算法，包括 Stable Diffusion、BLIP、ControlNet 等。这些算法用于将标准的计算机视觉技能转移到人工智能应用程序中，并作为更复杂模型的基础。Visual ChatGPT 将一系列视觉基础模型接入 ChatGPT，使用户能够与 ChatGPT 以文本和图像的形式交互，并且提供复杂的视觉指令，让多个模型协同工作。也就是说，它不仅可以像 ChatGPT 那样实现语言问答，还可以根据输入的图片实现视觉问答（VQA）、生成和修改图片、去掉图片中不需要的内容，等等。此外，Visual ChatGPT 可以理解用户的指令（如搜索、查询），并且具有修改和改进输出的反馈回路，可根据反馈进行调整和提高。

图 8-17 是一个使用 Visual ChatGPT[325]的实例，用户上传了一张黄色花朵的图片，并输入了一个复杂的语言指令："请基于预测深度生成一朵红色的花，然后让它像卡通画一样。请一步一步地完成"。在 Prompt Manager 的帮助下，Visual ChatGPT 启动了相关的视觉基础模型的执行链。在这种情况下，首先应用深度估计模型来检测深度信息，然后利用深度到图像（Depth-to-Image）的模型生成带有深度信息的红花图像，最后利用基于 Stable Diffusion 风格转换的视觉基础模型，将此图像的风格转换为卡通风格。在上述管道中，Prompt Manager 作为 ChatGPT 的调度器，提供了视觉格式的类型，以及记录了信息转换的过程。最后，当 Visual ChatGPT 从 Prompt Manager 获得"卡通"的提示时，它将结束执行管道并显示最终结果。

为了在 ChatGPT 和视觉基础模型之间创建一个高效的连接，团队设计了一系列"提示"，并将视觉信息"注入"ChatGPT。一种新型的 Prompt Manager 指定了每个视觉基础模型的能力，以及输入、输出格式，并将不同的视觉信息转换为语言格式，以便 ChatGPT 能够理解和处理。此外它还可以处理不同视觉基础模型之间的历史记录、优先级和冲突。Visual ChatGPT 利用这个视觉基础模型集合的反馈，迭代地构建其视觉理解和生成能力。图 8-18 为 Visual ChatGPT 的系统架构。

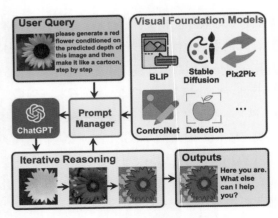

图 8-17　Visual ChatGPT 使用实例

来源：Chenfei Wu, Shengming Yin, Weizhen Qi, Xiaodong Wang, Zecheng Tang, Nan Duan. Visual ChatGPT: Talking, Drawing and Editing with Visual Foundation Models. arXiv preprint arXiv:2303.04671

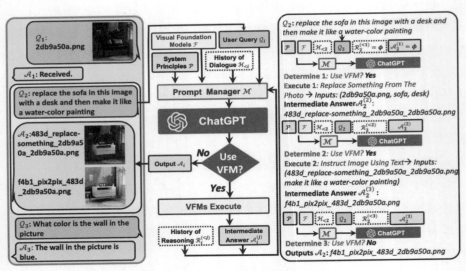

图 8-18　Visual ChatGPT 系统架构

来源：Chenfei Wu, Shengming Yin, Weizhen Qi, Xiaodong Wang, Zecheng Tang, Nan Duan. Visual ChatGPT: Talking, Drawing and Editing with Visual Foundation Models. arXiv preprint arXiv:2303.04671

Visual ChatGPT 的系统架构由用户查询（User Query）模块、提示管理（Prompt Manager）模块、视觉基础模型（VFM）、调用 ChatGPT API 系统和迭代交互（Iterative Reasoning）模块、输出（Outputs）模块构成。其中 ChatGPT 和 Prompt Manager（图 8-18 中为 M）负责意图识别和语言理解，并决定后续的操作和产出。以图 8-18 中的 3 轮对话过程为例：

1. Visual ChatGPT 接收用户的图像。当用户输入一张图片 Q_1 时，模型回答收到 A_1。

2. Visual ChatGPT 根据用户的文本修改图像，并发送给用户。（1）Q_2 包含"沙发改为桌子"和"把画风改为水彩画"两个要求，Prompt Manager+ChatGPT 识别出需要调用 VFM；（2）Prompt Manager+ChatGPT 共同协作识别出第一个意图是替换图片内容，因此系统调用"replace-something"功能，生成了符合第一个意图的图像即"Intermediate Answer"；（3）Prompt Manager+ChatGPT 识别出第二个意图是根据语言修改图像，因此系统调用"pix2pix"功能，对上一个图像进行操作，生成符合第二个意图的图像；（4）Prompt Manager+ChatGPT 识别到任务已完成，不再需要调用 VFM，并输出生成的两张图像。

3. Visual ChatGPT 识别图像：用户提出 Q_3，Prompt Manager+ChatGPT 发现不需要 VFM，而是调用 VQA 功能，回答问题得到答案 A_3。

可以看到，整个生成过程主要是由 Prompt Manager 与 ChatGPT 控制的。此外，Visual ChatGPT 生成最终答案要经历一个不断迭代的过程，它会不断自我询问，自动调用更多的 VFM。而当用户指令不够清晰时，Visual ChatGPT 会询问其能否提供更多细节，避免机器自行揣测甚至篡改人类意图。

8.3 基于 GPT 及大模型的扩散模型

本节将结合 GPT 及大模型来对扩散模型未来的研究方向进行简要阐释，主要从模型的算法研究和应用范式两方面进行分析。

8.3.1　算法研究

从模型的算法研究上来看，扩散模型与 GPT 及大模型一样都是生成式预训练，关于扩散模型可能的研究方向有以下几个：

1. 当训练数据量和模型参数量不断上涨时，GPT 及大模型的变现会呈现出上涨的趋势，并在达到某一个点时发生突变，也就是拥有"涌现能力"。扩散模型是否拥有同样的上涨趋势，以及是否会有涌现能力是值得探索的，但是由于扩散模型的训练是非常消耗资源的，所以增大模型参数训练的优化问题也需要考虑进来。

2. ChatGPT 等应用拥有卓越性能的一大原因是，在其模型训练过程中加入了基于人类反馈的强化学习进行微调，这能够大大提升微调的效果。因此在扩散模型中加入基于人类标注得到的"Reward Model"，并进行强化学习微调也是值得尝试的，况且引入人类反馈还能大大提升扩散模型在"Human Evaluation"中的表现。

3. LLaMA[326]等大模型开源后，很多研究者探索了基于大模型进行高效微调的方法，即不微调大模型本身，仅通过构造相关指令集和拥有少量参数的 adaptor 的方式挖掘大模型存储的知识。因此，如何高效微调 Stable Diffusion 等来适应新的任务（如 ControlNet）是值得进一步研究的。

8.3.2　应用范式

从模型的应用上来说，GPT 及大模型已经能够广泛用于各种任务了，但扩散模型的应用范式还有待探索：

1. 目前大部分扩散模型在生成任务中表现出色，能够生成逼真的、符合输入提示语义的样本。但是，很少有研究探索扩散模型在认知推理或者少样本泛化等任务中的应用的。因此，将扩散模型推广到更多的应用范式，进一步向 GPT 及大模型的应用领域探索，对于发挥扩散模型的潜能是至关重要的。

2. 在 Visual ChatGPT 中，扩散模型被当成视觉基础模型使用，但是对于多模态智能问答任务，自然语言和多模态特征也很重要。因此，如何开发出语言扩散大模型，甚至多模态扩散大模型来为多模态应用服务是值得进一步探索的。不同模态的扩散大模型如何与现有基于 LLM 的大模型形成协同作用也是值得研究的。

相关资料说明

在撰写本书时，作者参考了大量的专业文献，并咨询了相关领域的权威人士，以确保本书的准确性和权威性。这些文献和专家提供了丰富的信息和见解，对于本书的编写起到了至关重要的作用。

为了方便读者更好地了解本书，作者提供了详细的资料，说明了相关专家的姓名和机构，以展示这些资料对于本书研究的重要性和影响。我们相信，通过这些文献和专家建议，本书的内容和观点将会更加深入和全面。

最后，我们再次感谢这些领域专家和文献作者，他们的研究成果不仅为本书提供了丰富的内容，也为相关领域的研究和发展做出了重要的贡献。在此，我们要向所有为本书提供帮助和支持的专家、作者表达衷心感谢。

本书相关资料请登录官网 http://www.broadview.com.cn/book/7288，单击"下载资源"获取。

反侵权盗版声明

电子工业出版社依法对本作品享有专有出版权。任何未经权利人书面许可，复制、销售或通过信息网络传播本作品的行为；歪曲、篡改、剽窃本作品的行为，均违反《中华人民共和国著作权法》，其行为人应承担相应的民事责任和行政责任，构成犯罪的，将被依法追究刑事责任。

为了维护市场秩序，保护权利人的合法权益，我社将依法查处和打击侵权盗版的单位和个人。欢迎社会各界人士积极举报侵权盗版行为，本社将奖励举报有功人员，并保证举报人的信息不被泄露。

举报电话：（010）88254396；（010）88258888

传　　真：（010）88254397

E-mail：　dbqq@phei.com.cn

通信地址：北京市万寿路 173 信箱
　　　　　电子工业出版社总编办公室

邮　　编：100036